本书出版受广西产业与技术经济研究会资助

杨　鹏

张鹏飞

文建新／著

中国中心城市
专利合作网络研究

STUDY ON PATENT COOPERATION NETWORK AMONG
CHINESE CENTRAL CITIES

社会科学文献出版社
SOCIAL SCIENCES ACADEMIC PRESS (CHINA)

前　言

在经济全球化和全球网络化背景下，全球竞争更多地体现为城市之间的竞争，城市参与国际竞争的基础是产业，产业发展的背后则是创新的支撑。当前，新一轮科技革命和产业变革蓄势待发，以城市尤其是中心城市为主体的创新合作网络不断深化。但由于研究视角和研究方法的局限与差异，现有研究往往关注区域性、行业性的专利创新问题，而对城市尤其是中心城市专利创新及其合作网络缺乏深入分析。在新一轮科技革命和产业变革背景下，中心城市之间的专利合作正在成为拉动中国经济创新发展、提质增效和转型升级的重要力量。本书立足这一背景，通过网络合作研究分析城市尤其是中心城市专利合作网络的内在关系，发掘我国中心城市专利合作的基本机理和主要特征，探究影响我国中心城市专利合作网络的相关因素，开展相关新兴技术领域专利合作的案例研究和相关问题的深入探讨。

本书以专利合作为城市创新合作的主要载体，通过对中心城市专利产出及其合作网络的分析，系统研究我国中心城市专利创新和产出绩效，理清我国中心城市专利合作的主要动力和创新主体，明确我国中心城市专利创新的辐射方向和辐射距离，全面分析中心城市产学研创新合作网络，明确中心城市的新兴技术知识储备，具体分析新兴技术领域的专利合作网络，对第三次工业革命背景下推动城市创新合作发展具有比较明确的参考价值。

第一，本书研究涉及大量的专利及文献数据源统计，数据统计的质量直接影响研究结果及研究结论的准确性。本书研究中涉及的专利及文献统计量大约为 10 万条，其中，中心城市专利合作初始检索查询 48293 个专利条目，经过数据清洗后，符合研究条件的为 31144 个专利条目，机器人专利检索查询 15316 个专利条目，机器人知识储备文献查询 5000 余条，上海市产学研合作专利 1513 条。此外，本书研究还涉及职务专利查询、专利申请机构检索等。大量原始数据的检索查询确保了本书研究工作的开展。

第二，本书对我国中心城市的专利产出绩效进行了测算分析和实证研究，并分析了影响中心城市专利产出绩效的主要因素，研究得出我国中心城市专利产出绩效受空间因素的影响较大，在空间计量经济模型下我国中心城市专利产出绩效显现出一定的不均衡性，其中专利产出绩效较高的城市主要集中在东部地区，而西部地区和中部地区城市的专利产出绩效普遍较低。从专利产出绩效的分解值可以看出，技术进步是推动城市创新发展的主要动力，而人力资本和 R&D 投入是影响中心城市专利产出水平的主要因素。

第三，本书从科技创新水平的辐射方向、辐射距离、产学研专利合作等方面对中心城市专利合作进行研究。研究表明，上海、北京和深圳已经成为我国专利合作网络的三大主体城市。城市专利合作辐射距离与其跨城市专利合作数量不成正比，北京与上海的专利合作总量较高，但辐射距离最远的则是深圳和哈尔滨。城市间的时空距离、经济差距、技术差距等因素对城市专利创新辐射距离具有较大影响。中心城市产学研专利合作受到知识、科技等因素的影响，不同城市产学研的产出形式和产出结构不尽相同。

第四，中心城市产学研专利合作的主体为企业、高校及科研机构，其主体同时也是城市专利合作网络的主要节点。从合作空间来看，产学研专利合作可分为城市内部及城市间的网络合作。研究表明，中心城市间的产学研专利合作呈现出较为明显的不均衡性，主要集中在北京、上海等东部城市；从 IPC 分类情况来看，主要集中在 C

部（化学、冶金）、G 部（电学）和 H 部（物理），其他部类则相对较少；1998～2013 年，中心城市产学研专利合作网络的节点数不断增加，逐渐呈现出小世界特性及"就近原则"。最后，本书以上海为例对中心城市内部的产学研专利合作现状进行研究，研究表明，上海产学研专利合作网络以大学为主，大学与公司间的合作构成专利合作网络的主体，研究机构之间及研究机构与大学、公司间的专利合作数量相对较少。

第五，本书以机器人技术领域为例，对中心城市的新兴技术知识储备进行分析，研究表明，我国中心城市机器人知识储备主要集聚在北京、哈尔滨、上海、南京等中心城市，高校是这一领域知识储备的核心主体，企业的知识储备明显偏低，知识储备对于专利合作具有一定的影响。从我国中心城市机器人专利合作网络来看，呈现"整体分散、局部集中"的特征，清华大学、上海交通大学等成为机器人专利合作网络的核心主体。

第六，根据上述研究，本书认为在加强中心城市专利合作与网络建设的同时，必须着重加强人才引育、教育变革、顶层设计、创新精神等深层次问题的解决，为中心城市专利合作发展提供制度保障。同时，"跨区域中心城市创新合作平台载体建设""现代交通变革对城市专利合作网络的影响""市场成熟度与专利合作"等问题值得关注。

目录
Contents

第一章

绪 论

第一节 研究背景与问题提出

一 研究背景

在经济全球化和全球网络化背景下，全球竞争更多地体现为城市之间的竞争，并不断向中心城市聚焦，城市参与国际竞争的基础是产业，产业发展的背后则是创新的支撑，而专利则是创新成果的直接体现。

背景一：以新能源技术和新一代信息技术为代表的第三次工业革命正在来临。

2012 年 4 月，英国《经济学人》杂志发布《第三次工业革命：制造业与创新》的专题报道，描述了技术引领的制造业正在发生的深刻变化。2012 年 6 月，美国著名未来学者杰里米·里夫金（Jeremy Rifkin）的著作《第三次工业革命——新经济模式如何改变世界》中文版的面世，使"第三次工业革命"成为 2012 年以来最热门的词，对于人类正在迎来一场划时代的技术和经济大变革这一判断，日益趋向共识。新一代信息技术、机器人、移动互联网、云计算和新能源等，成为描述和讨论这场变革基本特征的"关键词"（戚聿东、刘健，2014）。第三次工业革命为发达工业国家（经济体）重塑制造业和实体经济优势提供了机遇 (American Council on Competitiveness, 2011)。2013 年 10 月, 习近平总书记在辽宁考察期间指出:"新科技革命、产业变革与中国转变发展方式形成了历史性的交汇, 抓住了就是机遇, 抓不住就是挑战。"

背景二: 城市尤其是中心城市正在成为全球经济竞争的核心载体。

城市是参与国际经济发展竞争、提升综合竞争能力的核心载体①。新一轮科技革命和产业变革将从根本上改变现有生产制造方式和产业组织形式, 改变国家的比较优势和产业竞争的关键资源基础, 进而重塑全球经济地理和国际产业分工格局 (吕铁, 2013)。新一轮科技革命和产业变革将对我国城市产业发展带来巨大的挑战, 包括现有的比较成本优势加速削弱、新兴产业发展面临的国际竞争压力加大以及适应新技术经济范式的制度创新和管理变革能力薄弱等。中心城市的科技创新能力直接决定了其经济社会的发展前景和能否担当带动整个区域发展乃至全国发展的重任, 在国民经济和社会发展中具有战略主导地位。

背景三: 全球科技创新呈现出新的发展态势和特征, 以专利创新为代表的科学技术的重大突破和加快应用正在塑造全球经济发展新

---

① 美国《外交政策》杂志网站 2014 年 3 月 28 日《描绘中国经济活动》一文采集中国各大城市地区生产总值数据并发现, 2013 年 35 个城市占据中国 GDP 近半壁江山, 其中有 20 个城市的贡献超过全国总 GDP 的 1%, 包括上海 (3.8%)、北京 (3.43%)、广州 (2.71%)、深圳 (2.55%)、天津 (2.53%)、苏州 (2.29%)、重庆 (2.22%)、成都 (1.6%)、武汉 (1.59%)、杭州 (1.47%)、无锡 (1.42%)、南京 (1.41%)、青岛 (1.41%)、大连 (1.34%)、沈阳 (1.27%)、长沙 (1.26%)、宁波 (1.25%)、佛山 (1.23%)、郑州 (1.09%) 和唐山 (1.08%)。资料来源: Yiqin Yu, "Mapping China's Economic Activity", http://www.foreignpolicy.com/articles/2014/03/28/mapping_half_of_china_GDP。

格局。

从历史经验来看，每次技术经济范式的转型期都会产生"重新排队"的发展契机，抓住机会的国家和地区，将在未来的全球产业链中占据优势。专利在技术创新升级和产业提质增效中发挥着日益重要的作用，是分析经济发展的重要指标性数据（Travis and Nikolas，2014）。作为创新活动的重要指标，专利是衡量和评估科技创新发展趋势和重大突破的最佳代表，而专利的不断产生，使得传统产业始终处于被拥有新兴技术的产业替代的风险之中（Turkay and Alptekin，2009）。基于数据来源的可靠性及可得性，大多数研究以专利申请量和授权量为技术创新能力的评价指标（Evangelista et al.，2001；Acs et al.，2002；Hagedoorn，2003；Yueh，2009）。总体来看，专利是科技创新活动的最主要和最直接的产出成果，是一个城市科技资产的核心，是衡量城市科技创新能力和竞争实力的关键指标（Acs et al.，2002；Porter et al.，2004）。

当前，有关第三次工业革命的讨论和研究突出了技术、重视了产业，但在相当程度上忽视了城市在新一轮科技革命和产业变革中的关键性作用，而在区域合作变革背景下，城市在第三次工业革命中充当怎样的角色，发挥怎样的作用，是一个值得深入探究的问题。自1985年我国第一部《专利法》颁布实施以来，国家相继提出并实施"科教兴国"战略、人才战略、专利战略、标准战略、知识产权战略等，并用了15年的时间完成了第一个100万件专利申请，第二个100万件专利申请历时4年2个月，第三个100万件专利申请历时2年3个月，第四个100万件专利申请仅用了18个月，第五个100万件专利申请仅用13个月。到2015年年底，我国专利的申请总量突破700万件，连续4年居世界第一，但我国专利创新必须加快从量的积累向质的提升转变①。因此，在这样的背景下，有关城市专利合作网络的研究以及基于该研究所提出的对策建议，对于提升中心城市在新一轮科技革命和产业变革中的应对能力显得非常重要。

二　问题提出

因此，我们可以比较明确地判断，城市尤其是中心城市由于其交通区位条件、经济要素尤其是教育科技人才资源的大量汇集，将在中国应对新一轮科技革命和产业变革中，担当国家创新发展体系中的关键引擎。2014 年 2 月，习近平总书记在北京视察期间明确提出了北京要坚持和强化全国政治中心、文化中心、国际交往中心和科技创新中心的核心功能，其中"全国科技创新中心"成为北京新的城市战略定位。2014 年 5 月，习近平总书记在上海视察期间，明确要求上海要建设成为具有全球影响力的科技创新中心。

所谓"中心"，事实上就已经是一个网络化的概念。北京强化全国科技创新中心功能和上海建设具有全球影响力的科技创新中心，都将成为中国经济尤其是城市经济实现科学转型、创新发展的重要原动力。伴随着经济全球化的不断深化，经济主体之间的竞争与较量已不仅仅局限于自然资源、劳动力和资本，知识资源的主体地位正在不断

---

① 根据《2014 年中国知识产权发展状况报告》，2014 年，国家知识产权局共受理发明专利申请 92.8 万件，其中，排名前十位的省（区、市）依次为：北京（23237 件）、广东（22276 件）、江苏（19671 件）、浙江（13372 件）、上海（11614 件）、山东（10538 件）、四川（5682 件）、安徽（5184 件）、陕西（4885 件）、湖北（4855 件）。排名前十位的企业依次为：华为技术有限公司（2409 件）、中兴通讯股份有限公司（2218 件）、中国石油化工股份有限公司（1913 件）、鸿富锦精密工业（深圳）有限公司（524 件）、海洋王照明科技股份有限公司（516 件）、京东方科技集团股份有限公司（484 件）、中国石油天然气股份有限公司（476 件）、国家电网公司（408 件）、深圳市华星光电技术有限公司（362 件）、杭州华三通信技术有限公司（336 件）。

凸显。发展创新经济已经成为全球必然趋势，任何一个城市若赶不上这一趋势，就会在全球经济发展中掉队。专利尤其是发明专利产出水平能反映一个国家或地区的科技研发能力，既是衡量一个国家或地区创新能力及知识经济的重要指标，又是衡量一个国家或地区综合实力的重要标志。谁掌握了核心技术，谁拥有了核心专利，谁就能够取得市场的先机，占领产业的制高点，进而确立在经济全球化中的战略主导地位。当前，我国已经形成了环渤海、长三角、珠三角三大专利创新集聚地，以上海为例，要建设具有全球影响力的科技创新中心，很难由一个城市单独完成，必须有周边城市和区域性创新合作网络的支撑，基于专利合作的城市创新网络成为必然选择。

从严格意义上讲，以上的论述还仅是一种经验性判断，但其提出了一个非常富有价值且有待进一步深化研究和验证的问题，即未来以北京、上海、深圳等为代表的中心城市将如何应对新一轮科技革命和产业变革，而在这一过程中，中心城市又将在创新合作方面，建立和形成怎样的联系？这种"联系"又有哪些网络关系特征，其未来发展和完善的方向在哪？显然，探究和分析这些问题是一项富有意义的研究课题。

从现有研究文献综述来看，本书第二章和第三章分别围绕"工业革命与城市发展"和"创新合作及专利创新"开展相关文献综述与分析。总体来看，相关文献对工业革命尤其是第三次工业革命进行了较多研究和讨论，但对于城市在第三次工业革命中的作用则没有涉及，尤其是基于专利创新的城市创新合作网络关系没有得到应有的重视和研究。

因此，本书研究的主要问题是我国中心城市之间存在怎样的专利合作网络及其关系，这种网络合作关系将给城市发展带来怎样的影响。从这一问题出发，需要进一步研究的具体问题包括：首先，从中心城市城际角度来看，不同城市的专利创新现状及其绩效如何；其次，中心城市之间在专利创新中存在哪些网络合作关系，这些合作关系，是否具有一定的规律性；再次，在一些具体的新兴技术领域中，城际及城市内部存在哪些网络合作；最后，除了专利合作外，影响这一网络关系以及中心城市应对新一轮科技革命和产业变革还有哪些关键因素。这些都是值得深入研究的具体命题。

总的来说，本书在基于"问题导向"的前提下开展研究，深入分析在新一轮科技革命和产业变革背景下、区域合作新变革趋势下的中心城市专利合作问题，以现代经济学相关理论为分析基础，按照"工业革命（产业变革）—技术变革—城市应对—专利创新—合作网络"的主线展开研究。

第二节 研究目的与研究意义

本书的研究目的在于：在新一轮科技革命和产业变革与城市发展的综合视角下系统审视城市专利合作，从城市创新合作的角度研究我国中心城市专利创新产出绩效，对中心城市专利产出绩效进行空间计量分析，探究影响中心城市专利合作网络的主要影响因素，并就中心城市产学研结合问题以及以机器人为代表的新兴技术领域的中心城市专利合作网络进行分析，根据不同研究板块的分析结论，综合提出研究结论及相关启示，并就若干问题进行探讨，以期进一步促进我国中心城市专利合作网络的发展。

从本书研究的理论意义来看，本书对宏观经济学中的产出理论及知识生产理论进行了应用和补充，从中心城市的角度应用知识生产函数和产出理论对专利产出绩效进行空间计量研究，采用DEA－Malmquist指数对中心城市的专利产出绩效进行测算，从空间计量的角度对影响中心城市专利产出绩效的主要因素进行分析。总体来看，目前基于中心城市层面专利合作的系统研究非常缺乏，这对于科教资源集聚、创新要素汇集的城市尤其是中心城市而言，还难以体现中心城市在我国应对新一轮科技革命和产业变革中的重要地位。而在实证方面，现有研究大多集中于产业技术的具体分析，忽视了从空间角度进行专利合作的研究。因此，本书将有助于丰富有关专利研究尤其是中心城市专利合作研究，具有一定的理论研究意义。

从本书研究的实践意义来看，主要体现在以下方面：一是在对创新与经济增长，创新合作网络，产业、高校、企业专利创新和专利创新联盟，区域（城市）专利创新进行系统综述的基础上，进一步明确专利合作研究的最新动向和基本趋势，为中心城市在新一轮科技革命和产业变革背景下实现技术赶超提供理论参考；二是从专利分析的角度对中心城市的专利合作网络、中心城市创新辐射距离及方向进行了分析，明确了我国中心城市专利合作现状及存在的问题，剖析了中心城市创新辐射的方向、距离及主要特征，为在新一轮科技革命和产业变革背景下加强中心城市专利合作提供实践参考；三是分析了我国中心城市在新兴技术领域的知识创新储备情况，并以机器人为例对中心城市的专利合作及其网络进行了研究，为中心城市在该领域加强专利合作提供参考；四是本书提出的一些观点有助于欠发达后发展地区中心城市应对经济发展新常态和实现提质增效、转型升级，如提高"新兴技术知识储备"以及引入和搭建"跨区域中心城市创新合作平台"等。

第三节　研究方法与技术路线

本书以实证研究分析为重点，同时采用规范分析的基本研究范式，对工业革命与城市发展等相关问题进行规范性的研究分析。在实证研究中，采用文献综述、理论分析、模型构建和实证检验等具体方法。同时，在本书撰写过程中，还开展了大量的专家访谈和调研活动，通过实践调研，更好地与理论学术研究相结合。

本书是经济学的应用研究，主要采用空间计量分析法、社会网络分析法等经济学分析方法，具体研究方法与工具如下。

（1）经济计量分析法。经济计量分析是基于观察到的经济数据，通过构建数学模型，对已有数据进行分析得出该模型误差，并对该模型进行修正使之更加适用于对经济现象的分析①。本书以我国中心城市为研究对象，对我国中心城市的专利产出绩效进行经济计量研究分析。本书主要的经济计量分析方法有：首先对中心城市专利产出绩效数据进行空间相关性检验，在得出存在空间相关性后，对中心城市专利产出绩效的数据进行普通最小二乘回归（OLS）、空间滞后模型分析（SLM）和空间误差模型分析（SEM）等，通过对比可以发现空间计量分析方法比普通最小二乘回归分析方法更适宜本书的分析研究。

专利计量分析是经济计量分析的重要构成，并衍生出专门的专利文献计量学学科分支。专利计量（Patent – bibliometrics 或 Patentometrics）最早由 Francis Narin（1994）在 *Scientometrics* 上提出，是指将数学和统计学的方法综合运用于专利研究之中，是探索和挖掘专利文献结构、数量、变化规律以及内在价值的计量方法。专利计量作为一个相对独立的学科越来越成为众多学者的研究重点。专利计量分析利用数理统计、文献（或信息）计量学和社会网络分析等理论与方法，对专利文献信息或专利数据进行统计分析，进而发掘具有重要价值的技术情报。专利计量研究已经成为国外开展专利情报研究、技术预见、

① 本书研究采用了空间计量分析方法，这一方法认为一个地区空间单元上的某种经济地理现象或某一属性值与邻近地区空间单元上同一现象或属性值是相关的，这种空间相关性的存在打破了大多数经典计量分析中的一些基本假设，更加符合发展实际。这也是本书从合作网络的角度重新审视中心城市专利创新合作问题的出发点之一。

技术创新、企业研发等的重要方法支撑（Byungun，2004；Sungjoo，2009；Iino，2009）。本书在研究过程中将空间计量分析与专利计量分析进行了结合应用。

（2）社会网络分析法。社会网络分析（Social Network Analysis，SNA）可以对主体间的相关关系及其相关属性进行科学的分析，作为一种应用性很强的研究方法日益得到关注。社会网络分析法最早由 Barnes（1954）提出，Freeman（1979）、Scott（1988）和 Wasserman（1993）的研究进一步丰富了社会网络分析的概念和方法，使社会网络分析得到广泛的运用，如组织间关系（Noel，1979）、政治社会领域（Knoke，1990）和工程项目联盟（Stephen，2004）等。社会网络分析以可以确定的社会关系的相互关联和互动为前提，通过研究群体间的相互关系而对整体（或群体）进行分析，社会网络分析的主要工具有 UCINET、NetDraw、AUREKA 等①，其中 UCINET 是分析社会网络间相互关系最常用、最客观的分析工具。本书以社会网络分析法为主要分析方法，采用 UCINET 软件进行分析，并结合可视化分析工具 NetDraw 等社会网络分析工具对中心城市专利合作、中心城市产学研专利合作、我国主要城市机器人专利合作及合作主体进行社会网络分析。在专利研究结果可视化方面，AUREKA 等可视化软件被较多应用，可以更加形象地显示出研究对象引用其先专利和被其后专利引证的信息。

（3）制度经济分析法。新一轮科技革命正在引发新的产业变革，并将诱发新的工业革命，这看似是一个技术性的问题，但实质上制度

---

① 当前，有关专利分析的工具较多，如 Tomson 公司的 Tomson Data Analyzer、Wisdomain 公司的 Patent‑Lab‑Ⅱ、大为软件的 PatentEX 等，但这些分析软件价格高昂，同时，所使用的专利分析方法过于关注属性数据，忽略了技术关联性带来的影响，分析结果不够全面，在分析专利引文时具备可视化图形技术的也较少（Chen C.，2004，2006）。

的建设和保障是应对第三次工业革命的根本，而城市恰恰是技术创新与制度创新的融合载体。本书基于对第三次工业革命的系统分析和客观认识，以制度经济分析法为研究方法对工业革命发展历程进行研究，对如何完善我国中心城市专利合作网络进行系统的制度分析，并结合上海市建设具有全球影响力的科技创新中心，就人才引育、教育变革、顶层设计与制度安排、创业创新精神等问题开展探讨，具体提出相关对策建议。

本书的研究技术路线及基本框架见图 1 - 1，本书的研究体系及技术脉络见图 1 - 2。

基于前述，本书的具体章节安排如下。

第一章为绪论，系统阐述本书的研究背景、问题提出、研究目的、研究意义等，明确本书的研究范畴和研究对象，并对本书的数据来源和信息检索进行说明，阐述本书的主要结论和创新点。

第二章为相关专利研究领域的文献综述，首先对国内外关于创新与经济增长的文献进行综述研究，其次从创新合作网络的特征研究、比较研究、案例研究的角度对创新合作网络进行综述分析，最后从产业专利创新、高校专利创新、企业专利创新、区域（城市）专利创新的角度对专利创新文献进行综述分析。

第三章为基于空间计量的中心城市专利产出绩效研究，首先介绍了本部分的主要研究方法，包括知识生产函数、DEA - Malmquist 生产率指数、空间计量经济模型等。运用这些分析方法从空间计量经济学的角度对城市的专利产出绩效及其主要的影响因素进行实证分析。

第四章为辐射效应下的中心城市专利合作及其影响因素分析，首先从总量分析、结构分析、职务申请和非职务申请的角度对中心城市的专利申请状况进行表征分析，运用 UCINET 和 NetDraw 等社会网络分析工具构建了中心城市专利合作网络，通过负二项计量回归的空间交互模型对中心城市及其同组织、异组织专利合作的影响因素进行

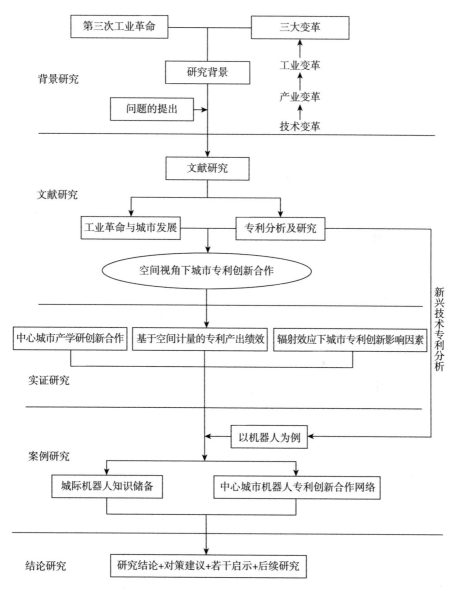

图 1-1 本书的研究技术路线及基本框架

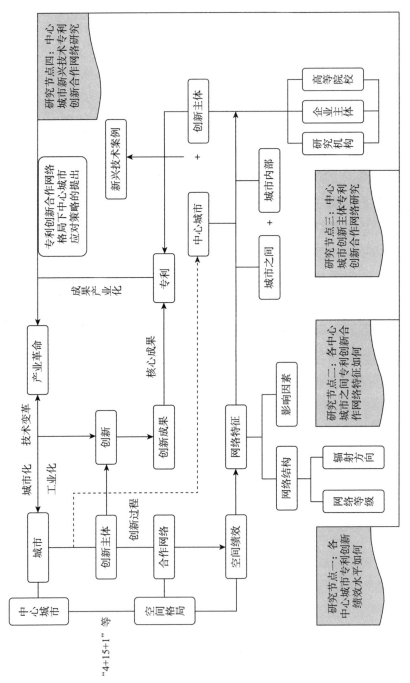

图1-2 本书的研究体系及技术脉络

分析，最后对中心城市的专利创新辐射距离等级特征、专利创新辐射距离与城市信息流、城市专利创新辐射方向进行研究。

第五章为中心城市产学研专利合作研究，首先对中心城市产学研合作申请总量、产学研合作申请 IPC 分类、专利合作网络密度演变、合作中心度和中心势演变等方面进行分析，通过构建中心城市产学研专利合作网络图，对专利合作的网络结构进行分析，采用 Logit p* 模型对中心城市专利合作网络进行实证分析，并以上海为例对中心城市内部产学研专利合作状况进行案例研究。

第六章以机器人为例，对城际新兴技术知识储备及机器人专利创新合作网络进行研究，主要从期刊分布、研究机构、研究类型、研究平台、研究主体等方面对中心城市机器人新兴技术知识储备进行比较研究，并基于机器人专利合作对我国城际专利合作网络进行进一步的深入研究，进而提出相关对策建议。

第七章为研究结论、启示和讨论部分，主要对本书的研究结论和研究启示进行总结，并对人才引育、教育变革、顶层设计与制度环境、创业创新精神等影响中心城市专利合作的关键问题进行探讨，并提出后续研究的主要方向。

第四节　研究范畴与研究对象

本书的研究范畴和研究对象分为三个层面。一是中心城市，我国共有 657 个城市，其中直辖市有 4 个，副省级城市有 15 个，地级市有 270 个。本书重点选择 4 个直辖市、15 个副省级城市和 1 个重点城市进行系统性研究。2013 年，上述 20 个城市地区生产总值累计达到 17.5 万亿元，占国内生产总值的 30.3%（见表 1-1），中心城市在应对新一轮科技革命和产业变革中发挥主导作用。二是高等院校，尤其是中心城市中的"985 工程大学"和"211 工程大学"，这些大学是应对新一轮科技革命和产业变革的关键创新主体，也是中心城市知识储备的关键载体①，同时也是城市之间专利合作的主体。三是产业层面，结合第三次工业革命的技术特征，本书选择智能制造领域中的关键性技术——机器人技术为研究对象，开展有关中心城市在机器人技术领域的知识储备和专利合作网络研究。

表 1 - 1　研究对象——我国"4 + 15 + 1"中心城市主要
经济社会及创新指标

类型	城市	年末总人口（万人）	地区生产总值（亿元）	工业总产值（亿元）	科学技术支出（亿元）	教育支出（万元）	普通高校数（个）	普通高校在校学生数（人）	行政土地面积（平方公里）	信息传输、计算机服务和软件业从业人员（万人）
直辖市	北京	1298	17879	15596	199.9	6286510	91	581844	16411	53
	上海	1427	20182	31897	245.4	6489517	67	506596	6340	9
	天津	993	12894	23428	76.5	3787491	55	473114	11760	3
	重庆	3343	11410	13095	29.8	4714875	60	670174	82374	12

---

① 知识和技术创新具有明显的本地化集聚特征，而知识和技术扩散具有比较明显的区域性扩散趋势。无论是企业在国内的研究与开发机构，还是跨国公司在国外设立的研究与开发机构，都具有明显的集聚趋势。因为，大量的科学家、工程师、技术工人，都需要在地域上接近，以实现面对面的交流与合作。同时，城市中的大学被视为获得城市外（区域外、国外）先进科技人才的重要途径。很多世界级企业将某地是否有一个强大的大学系统作为其设立研究与开发部门或机构的前提条件。有技能的专家、工程师和企业家更倾向于依靠所在地的经济结构和文化因素，当该地发展起来以后，他们往往不会从一个地方转移到另一个地方。举例而言，瑞典的爱立信是全球无线电通信领袖时，全世界所有和移动通信有关的企业都争相在爱立信所在地西斯坦科技中心设研发中心，中国的华为和中兴通讯也设立了研发中心。资料来源：《创新的资源配置要有全球眼光》，《文汇报》2015 年 4 月 6 日，第 1 版。

续表

地区		城市	年末总人口（万人）	地区生产总值（亿元）	工业总产值（亿元）	科学技术支出（亿元）	教育支出（万元）	普通高校数（个）	普通高校在校学生数（人）	行政土地面积（平方公里）	信息传输、计算机服务和软件业从业人员（万人）
副省级城市	东北地区	沈阳	725	6603	12702	24.6	1194323	43	369285	12980	2
		大连	590	7003	10351	39.3	1369604	29	263692	12574	3
		哈尔滨	994	4550	2852	12.8	1185924	49	482211	53068	3
		长春	757	4457	8294	4.4	1028074	37	387662	20604	2
	华东地区	南京	639	7202	11438	35.0	1249855	43	651948	6587	4
		杭州	701	7802	12962	40.2	1469766	38	459181	16571	8
		宁波	578	6582	12155	32.4	1417046	14	145358	9816	1
		济南	609	4804	4248	10.1	819974	70	659872	8177	3
		青岛	770	7302	14053	17.3	1432445	22	296645	11282	1
	华南地区	广州	822	13551	16066	52.1	2234976	80	939208	7434	5
		深圳	288	12950	21363	79.1	2462099	10	75570	1997	5
		厦门	191	2817	4486	13.8	707102	17	143964	1573	1
	华中地区	武汉	822	8004	10066	20.6	1338027	79	946991	8494	2
	西部地区	西安	796	4366	4023	5.9	1080419	62	723961	10108	9
		成都	1173	8139	7849	19.1	1622941	52	685639	12121	2
重点城市		长沙	661	6400	7058	16.7	1166756	50	523174	11816	2
合计			18177	174897	243982	975	43057724	968	9986089	322087	130
占全国比重（%）			14.3	30.3	27.2	51.0	26.6	40.7	41.4	6.6	55.2

注：由于《2014年中国城市统计年鉴》仅统计了户籍人口，因此，上述城市实际人口规模要大于统计规模，根据笔者的测估统计，截至2013年年底，上述城市的人口规模接近2.3亿人，约占全国人口的17%。

资料来源：《2014年中国城市统计年鉴》、《2014年中国统计年鉴》以及相关省份统计年鉴。

对于中心城市，一直以来并没有一个非常明确的界定，一般认为中心城市是指在一定区域内和全国经济社会活动中处于重要地位、具有综合功能或多种主导功能、起着枢纽作用的大城市和特大城市。国家计委国土开发与地区经济研究所课题组（2002）提出，中心城市是相对于经济区和城镇体系而言的，对一般城市来说，是指在经济上有着重要地位、在政治和文化生活中起着关键作用的城市，具有较强的吸引能力、辐射能力和综合服务能力；从区域的角度来看，中心城市是经济区域中经济发达、功能完善，能够渗透和带动周边地区经济发展的行政社会组织和经济组织的统一体。《全国城镇体系规划（2006～2020 年)》从不同层面划分了国家中心城市和国家区域中心城市。其中，国家中心城市包括北京、天津、上海、广州和重庆，区域中心城市包括沈阳、南京、武汉、深圳、成都和西安。上述两个层面中心城市的考察主要依据城市的综合经济能力、科技创新能力、国际竞争能力、辐射带动能力、交通通达能力、信息交流能力和可持续发展能力等七大指标。本书的中心城市研究对象如图 1 - 3 所示。

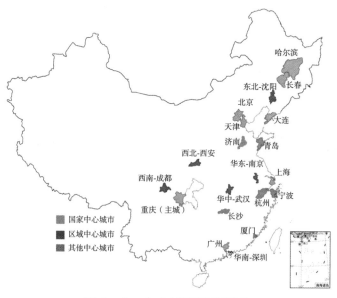

图 1 - 3　中心城市研究对象

第五节　数据来源与信息检索

专利（Patent），最早源自拉丁文的"patents"，代表"to be open"之意，是指公开信件或公共文献。"Patent"一词具有"垄断"和"公开"两方面的含义，与现代法律意义上的专利基本特征是吻合的。专利文献是技术信息最有效的载体，涵盖了全球90%以上的技术情报，比一般技术刊物所提供的信息要早5～6年。同时，70%～80%的发明创造只通过专利文献公开，并不见诸其他科技文献（周群芳，2013）。相对于其他文献形式，专利具有新颖、实用的特征。我国专利制度将专利分为发明、实用新型和外观设计①三种，发明由于需要进行实质审查，拥有更高的技术价值。

一　数据来源

目前，国内主要专利数据库有中国专利数据库（http://www.sipo. gov. cn）、中国专利信息网（http://www. patent. com. cn）、中国知识产权网（http://www. cnipr. com）、中国专利信息检索系统（http://www. cpo. cn. net）、中国专利文摘数据库（http://www. beinet. net. cn/pa – tent）、CNKI 知识创新网（http://www. chinajournal. net. cn）、台湾 APIPA 专利数据库网站（http://apipa. org. tw）、中华人民共和国香港特别行政区专利（http://www. info. gov. hk/ipd）。此外，国内还有武汉光谷知识产权网、广东中外专利信息检索系统、中国杨凌农

---

① 2009 年 10 月 1 日起施行的《中华人民共和国专利法》明确提出：发明是指对产品、方法或者其改进所提出的新的技术方案；实用新型是指对产品的形状、构成或者其结合所提出的适于使用的新的技术方案；外观设计是指对产品的形状、图案或者其结合以及色彩与形状、图案的结合所做出的富有美感并适于工业应用的设计。

业知识产权信息网等专利数据库。国际上的主要专利数据库有世界知识产权组织（WIPO）、世界 PCT 组织①、欧洲专利局、美国专利局、日本专利局、澳大利亚专利局等。Thomson Derwent 与 Thomson ISI 公司共同推出了基于 ISI Web of Knowledge（SCI）的德温特创新索引专利平台，这一平台收录了全球 40 多个专利机构，详细记载了超过 1200 万条基本发明专利的信息、2000 多万条专利信息，资料可回溯至 1963 年，引用信息可追溯到 1973 年。

从目前我国相关专利数据库来看，专利信息资源重复建设现象非常严重，资源共享难度很大，尤其是国家知识产权局建立了六个专利数据库。总体来看，中国知识产权网（CNIPR）和国家知识产权局专利检索平台（SIPO）两个数据库比较完整、可信度比较高，是开展专利检索比较理想的中文数据库②。此外，教育部科技发展中心的高校专利信息服务平台是调用中国知识产权网的数据库，CNKI 中国专利数据库的数据源于中国知识产权网，但数据并不同步。中国发明专利技术信息网站则直接采用国家知识产权局网站的数据库。

总体而言，目前国内能够提供专利检索服务的公共平台很多，如国家知识产权局专利检索平台（SIPO）、中国知识产权网（CNIPR）、SooPAT 网站等，但综合比较，CNIPR 检索平台的数据准确性和平台操作性都是最好的，故本书采用此平台进行专利数据检索和相关分析。

----

① PCT 是指《专利合作条约》（*Patent Cooperation Treaty*），是有关专利申请的国际条约，目前已经有 142 个成员。根据 PCT 的规定，专利申请人可以通过 PCT 途径递交国际申请，可以向多个国家申请专利。

② CNIPR 的二次检索、过滤检索、同义词扩检、检索式保留等功能是目前国内专利网站中最完备的。表达式检索支持的运算符比其他专利数据库检索系统要完备，能够满足专业检索的需要，子数据库完备，便于开展针对性检索。SIPO 依托国家知识产权局，拥有第一手的专利信息，更新最快，数量最全，是查找中国专利的权威数据库，但检索功能不完备、未区分专利申请和已授权专利。

二 数据检索

专利信息或数据检索是本书研究的关键基础。1986 年，苏联国家发明与发现委员会出版的《发明专利许可证及情报术语词典》将"专利信息检索"定义为：一种选取自己所需要信息的过程。专利信息检索是指根据信息需求和数据特征，对文献或信息进行检索的过程，其中专利信息数据库是实现专利信息检索的重要基础（Mogee et al.，2002）。专利信息数据库通常包括专利号、申请号、专利权人、发明人、分类号、发明名称、日期等数据。利用网络进行专利信息检索时，一个专利为一个记录，根据数据库中各种字段输入格式进行检索，常用检索字段可以归纳如表 1 - 2 所示。

表 1 - 2 常用检索字段

字段	英文缩写	含义
申请号	AP	专利申请人向专利组织提出申请后，对应的编号
公开号	PN	专利获得认证后，对外公布的专利公开代码
公开日	PD	专利公布公开号的日期
发明人	—	专利信息的发明者
名称	TI	专利信息注册名称
摘要	AB	描述专利信息的文本信息
主题词	—	是专利信息中的名称、摘要、权利要求及说明书的集合

与传统的手工检索方式相比，专利信息网络检索方法具有查询迅速、反馈及时和资源共享等优势。专利信息检索是专利分析的基础，为保障专利检索和分析的质量，需要围绕所分析的研究主题认真选取检索词，并制定相应的检索策略，同时不断对检索结果进行筛选，直到符合要求。

目前，学者们在进行专利信息检索时，通常采用国际专利分类号

（International Patent Classification，IPC）检索法或关键词检索法，或是将这两种方法进行结合。IPC 把专利按照一定的标准进行分门别类，能比较准确地反映专利所代表的技术领域。IPC 检索法的主要缺点在于分类号的确定存在一定争议，容易造成遗漏。关键词检索法可以通过定义关键词对分布在不同专利分类中的技术信息进行合并检索，能够较好地避免 IPC 检索法检索过程中的遗漏现象，确保专利信息的指向性和有效性。因此，在专利信息检索方法上，本书主要参考 Frenken、Oltra 和 Jean、Haslam 等学者（2004）的研究，采用关键词检索法。

三　分类检索

国际专利分类法是全球通用的专利分类方法，被广泛应用于各个国家和地区的专利文献分类和检索中，我国自 1985 年实施专利制度以来便采用这种分类方法。IPC（International Patent Classification）是根据 1971 年签订的《国际专利分类的斯特拉斯堡协定》编制的，是目前国际上通用的专利文献分类和检索工具。

国际专利分类法按照技术主题设立类目，采用等级分类结构，把整个技术领域分为 5 个不同等级：部、大类、小类、大组和小组。依据这一分类法所获得的分类号被称为国际专利分类号，具有较高的规范性、科学性和确定性，可以用来标示专利技术的功能属性和应用领域。国际专利分类体系的第一分类等级共有 8 个部，其中 A 部为人类生活需要（农、林、医），B 部为作业、运输，C 部为化工、冶金，D 部为纺织、造纸，E 部为固定构造（固定建筑物），F 部为机械工程（武器、爆破、照明、采暖），G 部为物理，H 部为电学。IPC 体系用部、大类、小类、大组和小组来区分技术领域中不同的技术范围，是通过由高到低的递降次序来排序的等级式结构（见表 1-3）。

表 1 - 3　IPC 分类号

等级结构	分类号
部	分为 8 个部，用英文 A ~ H 表明
大类	部按不同技术领域分为大类，用部号和两位数字表示
小类	大类细分，用大类类号和一个大写字母表示
大组	小类细分，用小类类号、"1 ~ 3 位数字"、"/"、"00"一起表示
小组	大组细分，用小类类号、"1 ~ 3 位数字"、"/"、非"00"至少两位数字一起表示

四　文献检索

本书围绕城市发展、专利合作和合作网络等主题，通过以下途径和方法查阅相关国内外文献资料。

国内资料查询途径：第一，中国知识资源总库数据库，主要包括中国学术期刊网络出版总库（CAJD）、中国博士学位论文全文数据库（CDFD）、中国重要会议论文全文数据库和国际会议论文全文数据库；第二，维普中国科技期刊数据库；第三，中文网络资源；第四，中文相关著作、研究报告、统计资料等出版物；第五，政府部门相关政策文件（主要是国务院及中心城市等相关政策文件）；第六，重点城市门户网站及党报党刊；第七，主要中文书籍出版资料。

国外资料查询途径：第一，Elsevier 数据库；第二，Web of Science 科学引文索引数据库；第二，Jstor 西文过刊数据库；第四，Blackwell 数据库；第五，PQDD 博士论文全文数据库；第六，国际统计资料网站以及其他英文网络资源。

资料查阅方法：中文文献，主要使用"工业革命""城市发展""专利创新""网络合作""创新网络""区域合作""专利合作""机器人"等关键词进行文献搜索，在各数据库中对题名、关键词和摘要进行匹配搜索；外文文献，主要使用"industrial revolution""urban development or city development""patent innovation or patent""network cooperation""innovation network""regional cooperation""patent cooperation""robots"等词进行搜索，在各数据库中对 Title、Keyword 和 Abstract 进行匹配搜索。

第六节　本书结论与创新点

本书在新一轮科技革命和产业变革的背景下，以中心城市为研究对象，通过空间计量、社会网络分析等研究方法，对我国城市尤其是中心城市专利创新及合作网络进行研究，主要的研究结论如下。

第一，在城市专利产出绩效和影响因素方面，中心城市具有强大的集聚效应及辐射效应，其科技创新水平具有很强的代表性。2000～2013 年，我国 20 个中心城市的专利产出绩效呈现上升趋势，这种上升趋势主要是技术进步引起的，专利产出绩效较高的城市主要集中在东部地区，同时，专利产出绩效呈现比较明显的不均衡性。从城市专利产出绩效的影响因素来看，人力资本、研究与发展经费支出等指标对专利产出绩效具有比较明显的推动作用，而研究与发展人员投入指标对专利产出绩效的提升缺乏显著的贡献。

第二，在城市专利合作网络图谱分析方面，城市专利合作网络呈现出较为明显的星状拓扑结构，网络中心点为上海、北京和深圳三个城市，合作密度较强的城市主要集中在东部地区，中部和西部地区中心城市之间的合作程度较低、合作范围较小。地理距离、相距时间变量等因素对中心城市专利合作强度产生重要的影响，即地理距离越近、相距时间变量越大，专利合作强度就越高。

第三，在辐射效应下的城市专利创新及合作方面，各中心城市专利创新辐射距离与其跨城市专利合作数量并不成正比，城市专利合作具有较为明显的"就近原则"。人口流量、电信流量、通信流量对城市专利创新辐射距离具有重要的影响。人口流量越大，信息流就越大，城市电信流量、通信流量越大，专利创新辐射距离往往越远。

第四，在中心城市产学研创新合作网络方面，中心城市的大学与企业、研究机构合作申请专利数呈现出较大的不均衡性。从机构合作来看，大学与公司的专利合作规模远高于大学与大学、大学与研究机构的专利合作规模。从合作重点来看，中心城市产学研专利合作主要集中在 G 部和 H 部。随着时间的推移，城市专利合作的网络密度、局部中心点在不断地发生变化。

第五，在以机器人为例的中心城市新兴技术知识储备的比较研究方面，机器人领域的知识储备主要集中在北京、哈尔滨、上海、南京等城市，其他城市机器人领域的知识储备相对不足。国家级的机器人研究平台主要集中在直辖市和东北地区，高等学校是机器人领域知识储备的核心主体，企业的知识储备较低，高校与企业在机器人知识储备方面存在一定的障碍，这在一定程度上表明我国新兴技术领域的知识储备与实际创新成果转换之间存在"专利壁垒"。

第六，在机器人专利创新及合作网络研究方面，机器人专利合作申请主要集中在发明专利方面，实用新型和外观设计专利合作相对较少。我国主要城市机器人发明专利产出指数较高的城市也是我国工业和制造业较为发达的城市，工业和制造业的转型升级有力推动了机器人专利创新。北京、上海、深圳是国内主要城市机器人专利合作网络的中心点，表明这三个城市具有很强的科技辐射力和影响力。国家电网、清华大学、上海交通大学是机器人专利合作网络的局部中心点。

第七，在第三次工业革命背景下，城市发展面临全新的挑战和全新的机遇，城市之间的竞争将进一步跨越传统的区域概念，以中心城市合作为核心的区域合作竞争，归根到底是"人才之争"，而在其后是教育模式的创新变革、顶层设计与制度环境的优化提升、城市创业精神和企业家精神的培育形成问题。

本书的主要创新点体现在以下方面。

第一，目前，有关专利问题的研究往往以独立单元进行观察研究，并没有充分考虑空间因素引起的依赖性与异质性，而这种空间因素对专利产出绩效及科技创新溢出的影响是不容忽视的。虽然学者们采用 Krugman 等经济学家的空间经济理论分析在省域层面开展了研究，但就城市层面尤其是中心城市的专利创新研究没有得到体现。因此，本书采用知识生产函数及 DEA－Malmquist 生产指数对中心城市专利产出绩效进行分析，通过构建空间计量经济模型对中心城市专利产出绩效开展研究，并对相关影响因素进行了自相关性检验。这对于有关专利创新问题的研究是一个有益的补充。

第二，目前尚没有关于中心城市专利合作网络问题的研究，本书在对中心城市专利申请进行表征分析的基础上，对中心城市间专利合作网络进行了分析，并通过构建基于负二项计量回归的空间交互模型，对专利合作网络中的同组织和异组织进行了分析。本书还构建了城市知识创新辐射距离模型，对中心城市的专利创新总量和辐射距离进行了分析，结果表明，城市专利合作具有较为明显的"就近原则"，但并不是所有城市都是如此。同时，本书还发现"现代交通变革对城市创新合作网络的影响"等研究命题值得关注。

第三，对于支撑专利合作的主要因素是什么，学术界尚未给出非常明确的结论。本书探索性地提出了"新兴技术知识储备"概念，即一个城市的专利合作与其在相关领域的知识储备具有直接关系，但这并不代表知识储备完全决定专利合作能力，从研究结果来看，也正是如此。

第四，本书没有拘泥于学术研究的常规模式，在理论研究、实证研究的基础上，进一步结合实践调研和经验分析，提出了影响城市专利创新能力和专利合作的四个主要因素，即人才集聚问题、教育模式变革问题、顶层设计与制度环境问题以及创业创新精神问题，本书对这些问题开展了规范性探讨，也提出了若干启示，有助于开展相关问题的后续研究。

第五，为充分体现中心城市专利合作的网络特征，本书在研究中应用 NetDraw 软件对中心城市专利合作进行了空间网络分析，但由于这一软件存在先天性的缺陷，即无法从空间地理的角度直观地反映中心城市之间的专利合作网络特征。因此，本书在相关数据统计和分析的基础上，利用 CorelDraw12.0 软件绘制了我国中心城市专利合作和机器人领域专利合作网络空间图谱，并体现在第五章和第七章等相关章节，以便更加直观、深入地分析城市专利合作网络特征。从实际分析结果来看，这两种方法和软件的结合非常有效，对开展专利合作网络研究是一种非常有效的方法，对开展有关专利合作网络问题的研究是一种有效的实践补充。

第二章
文献综述

专利①是创新活动的核心产出成果，是大量创新信息的载体，具有创新性、实用性、效益性和独占性等基本特征，其数量和质量尤其是发明专利的数量和质量已经成为衡量一个地区或城市创新发展能力的重要标志。世界知识产权组织（WIPO）的统计结果显示，全球90%～95%的发明创造包含在专利文献中②。专利是技术变革分析唯一的数据源泉，就数据质量、可获得性以及详细的产品、技术和组织细节而言，任何数据均无法与专利媲美（Griliches，1990）。自1985年我国第一部《专利法》颁布实施以来，我国用了15年的时间完成了第一个100万件专利申请，第二个100万件专利申请历时4年2个月，第三个100万件专利申请历时2年3个月，第四个100万件专利申请时间缩短到18个月，第五个100万件专利申请仅用了13个月。到2015年年底，我国专利申请总量突破700万件，连续4年居世界第一。诱发工业革命的根本原因在于一系列新技术的突破和诞生，而这些技术的集聚与扩散也将推进全国性乃至全球性科技中心的转移，

① 广义上，专利包括专利申请书、专利说明书、专利公报、专利检索工具以及与专利有关的一切资料，狭义层面的专利仅指各国（地区）专利局出版的专利说明书或发明说明书。

② 根据世界知识产权组织的统计，90%～95%的研发成果包含在专利文献中，专利文献公开的技术中有80%以上未出现在其他技术文献中，全世界90%以上的发明创造信息是首先通过专利文献反映出来的。有效运用专利信息，可缩短60%的研发时间，节省40%的研发费用。

以专利创新为集中体现的科技进步已经成为各个国家和中心城市应对第三次工业革命的"关键抓手"。因此，本章内容的具体安排如下。

第一节，主要对创新与经济增长的相关研究进行综述分析，具体包括国外、国内关于创新与经济增长的研究及关于区域创新与经济增长的研究综述。

第二节，从专利创新问题研究的具体分布领域来看，主要包括产业专利创新、高校专利创新、企业专利创新及区域（城市）专利创新等，本节就此进行系统的文献综述。

第三节，主要对创新合作网络相关内容进行综述研究，主要包括创新合作网络的特征、不同主体的比较研究及案例研究等方面。

第四节为本章小结。

第一节 创新与经济增长研究

"创新"（Innovation）一词是由美籍奥地利裔经济学家约瑟夫·熊彼特（Joseph A. Schumpeter, 1912）在其著作《经济发展理论》中最早提出的，熊彼特认为创新是"建立一种新的生产函数"，是把"一种从来没有过的关于生产要素的新组合引入生产体系"，熊彼特的创新理论属于经济范畴而非技术范畴，认为科技成果商业化和产业化的过程才是技术创新，企业家则是创新的主体。之后，"创新理论"发展成为两个新的分支，一个是以技术创新和技术扩散为主要研究内容的"技术创新经济学"，其代表人物是曼斯菲尔德（E. Mansfield）、施瓦茨（Schwart Z.）；另一个则是以组织创新和制度创新为主体的"制度创新经济学"，其代表人物是诺斯（Dougass C. North）。笔者认为，熊彼特提出"创新"概念，是古典经济学和现代经济学的一个重要划分，创新不单单是发明创造，而且是核心技术的发现和应用的观点得到了经济学家的广泛认可，但这一观点也有一定的局限性，即认为创新是建立一种新的生产函数，并没有将经济意义上的创新与技术意义上的创新结合起来。同时，也没有提出合作创新或协同创新的思想，熊彼特认为的创新是静态意义上的创新，而非动态的创新过程，更不是网络化的创新过程。新增长理论认为，技术进步（创新）是影响经济增长的核心因素，国内外学者从不同的角度就创新对经济增长的推动作用进行了比较系统的研究。

一 国外关于创新与经济增长的研究

对经济增长较为系统的理论研究是随着古典经济学的形成和成熟发展起来的。魁奈、亚当·斯密（Adam Smith）、李嘉图、马尔萨斯、杨格和奈特等都对经济增长问题进行过比较深入的研究。1766 年，亚当·斯密通过研究发现经济增长的动力在于资本积累、劳动分工和科技进步。索洛（R. M. Solow，1956）在中性生产函数假设下，将技术进步从生产函数中分离出来，即把人均产出增长扣除资本和劳动增长后的未被解释部分归结为技术进步，提出了计算技术进步贡献率的"剩余法"，在此方法中索洛把技术进步作为外生变量，因此理论上存在一定的局限性。阿罗（Arrow，1962）从内生技术角度解释技术创新对经济增长的推动作用，突破了新古典经济增长理论的研究框架，之后以 Romer 和 Lucas 为代表的经济学家开创了内生增长理论研究的先河。到 20 世纪 60 年代，内生增长理论开始从产品多样化模型和产品质量升级模型两个方面来探讨技术创新促进经济增长问题。丹尼森（Denison，1962）在库兹涅茨（Smion Kuznets）现代经济增长理论的基础上提出了经济增长的因素分析法，他通过对不同类型劳动质量和资本的考虑以及对索洛余值的进一步划分，全面估算了就业人数、教育背景、存货、规模经济、知识进步等其他因素对经济增长的贡献。罗默（Paul Romer，1986）和卢卡斯（Robert Lucas，1988）等用全经济范围内的收益递增、技术外部性解释经济增长的思路，提出了科技进步的内生增长模型。Young（1991）认为技术进步是发明和边干边学共同作用的结果。Aghion 和 Howitt（1992）认为经济周期与经济增长密不可分，都是科技创新的发展结果。

随着知识经济时代的到来，包括前沿生产函数（Frontier Production Function）在内的更多计算新技术投入对经济增长贡献率的方法不断产生。Kuznets Paul（2011）研究认为，现代经济之所以能够实现高速增长，其重要的源泉和主要影响因素是人们对以往的知识储备科学合理利用。Salter John（2013）研究认为，形成生产率增长差别的原因众多，技术进步率是形成这种差异的主要原因。近年来，经济学家对经济增长的研究主要集中在对内生经济增长理论的拓展和深化上，内生经济增长理论将科技进步内生化并成功解决了传统经济增长研究中存在的理论缺陷。

近年来，国外有关技术创新促进经济增长领域的研究呈现新的发展趋势，开始逐步涉足新的研究领域，一些学者从分析政府技术创新政策角度入手，研究技术创新政策对经济增长的推动作用。Deek 和 Kee（2003）研究分析了政府研发、教育支出的动态经济效应，研究结果表明，当政府增加研发投入后，物质资本、知识和产出的稳定增长率都随之提高。Morales（2004）将政府部门从事公共研发、资助企业研发以及对企业研发进行补贴全部内生化，认为提高政府对企业研发的单位补贴率不仅不会挤出企业研发投资，还能产生提高社会应用研发与基础研发投入的汲水效应（Pump‑priming Effect），这将有助于强化经济发展的长期增长效应。

二　国内关于创新与经济增长的研究

国内对创新与经济增长问题的研究，主要是从创新促进经济增长的机理和实证两方面进行的，且主要集中在一般性的实证研究。在增长机理研究方面，王瑾（2003）从区域经济增长过程是特色经济形成并不断增强的过程这一视角阐释了科技创新对于培育主导产业、转变产业结构的重要作用及其通过乘数效用对区域经济增长的影响。吴传清、刘方池（2003）认为技术创新不仅可以引发和促进区域经济发展的要素形态与功能、经济增长方式、产业结构和经济空间结构的变化，还可通过促进企业制度变革和改变人的价值观念两种方式推进区域经济的制度创新。

在实证研究方面，国内学者的研究方法和研究视角比较统一，主要是利用面板数据通过 Cobb-Douglas 生产函数开展数量分析。洪名勇（2003）从新经济增长理论的角度将科技创新作为一个生产要素并纳入 Cobb-Douglas 生产函数，建立计量分析模型，选择中国 31 个省（区、市）作为样本进行实证分析，得出科技创新的差异是影响我国区域经济非均衡增长的重要原因，并提出必须加快提升西部地区科技创新能力。朱勇、张宗益（2005）选取了我国 31 个省（区、市）2000~2003 年的相关数据，运用面板数据模型研究了我国八大经济区区域创新水平对经济增长的影响差异，其研究表明经济发展水平提升的绝大部分可以用创新能力来解释，但我国欠发达的中西部地区与发达的东部地区的创新水平及其对经济增长的贡献度具有显著差异，由此造成东西部区域经济差距越来越大。与此结论相类似的还有郭新力（2007）关于创新能力对区域经济增长贡献率的研究，他认为欠发达地区与发达地区在科技创新水平和贡献率方面均存在较大差距。朱学新、方健雯、张斌（2007）以 1998~2005 年我国大陆省（区、市）的面板数据为基础，利用 translog 函数对科技投入产出成效进行了相关分析，研究结果表明科技创新对于经济发展的影响程度不如技术转换的影响程度显著。任义君（2008）以我国 31 个省（区、市）为单元，选取 R&D 科技活动经费、人员全时当量、课题数量及科技服务等变量代表高校科技创新能力，选取最终消费支出、人均 GDP、第三产业总产值等变量代表区域经济增长，并对两组变量进行相关分析，

研究结果表明高校创新能力与区域经济增长密切相关。万勇、文豪
（2009）选择我国 30 个省（区、市）1998～2006 年的数据为样本，
建立面板数据模型进行分析，得出技术创新投入的各要素对经济增长
的拉动存在区域性差异。郭秀兰（2010）以我国 1980～2005 年的相
关数据为基础，构建 Cobb‐Douglas 生产函数模型，得出资本、劳动、
技术进步对经济增长的贡献率分别为 0.0276、0.0207、0.1134，其中
技术进步的贡献率最大。李正辉、徐维（2011）利用中国大陆 30 个
省（区、市，西藏除外）2002～2008 年的相关数据建立包含时期的
变截距面板数据模型进行实证研究，研究结果表明区域创新对经济增
长具有显著的正向效应和地区差异性。

　　表 2-1 中国内外关于创新与经济增长的研究都是基于全国、区
域及技术分析的角度，而在区域经济一体化快速发展的背景下，有关
创新合作网络的问题得到了国内外学者的进一步关注。因此，后续将
对国内外关于创新合作网络问题进行系统综述分析。

表 2-1　国内外关于创新与经济增长的主要研究综述

序号	作者	年份	主要观点
1	Adam Smith	1766	经济增长的动力在于资本积累、劳动分工和科技进步
2	R. M. Solow	1956	首次提出计算技术进步的"剩余法"，即索洛余量，但由于将索洛余量作为外生变量，在理论上存在一定的局限性
3	Romer、Lucas	20 世纪60 年代	开创内生增长理论，认为经济能够不依赖外力推动实现持续增长，内生的技术进步是保证经济持续增长的决定因素
4	Denison	1962	知识进步能够减少经济产出所需的投入量，促进经济增长的新技术的采用在知识有所进步时才有可能实现
5	Jorgensen	1973	利用超越对数模型分析了科技进步对经济增长的贡献率，认为技术变动能够有意识地改善资本量的投资

序号	作者	年份	主要观点
6	Young	1991	技术进步是发明和边干边学共同作用的结果
7	Deek 和 Kee	2003	政府研发支出增加后，物质资本、知识储备和创新产出将实现稳定增长
8	Morales	2004	增加企业研发补贴，有助于提高社会应用研发与基础研发投入的汲水效应，有助于提高经济长远增长率
9	Kuznets Paul	2011	现代经济之所以能够实现高速增长，其重要的源泉和主要影响因素是人们对以往知识储备的科学合理利用
10	吴传清、刘方池	2003	技术创新引发和促进区域经济发展要素形态和增长方式等转变，有助于推进区域经济的制度创新
11	朱勇、张宗益	2005	经济发展水平提升的绝大部分可以用创新能力解释，但中西部地区与东部地区的创新水平及创新能力对经济增长的贡献率差距显著
12	李正辉、徐维	2011	区域创新对经济增长具有显著的正向效应和地区差异性

第二节　专利创新研究综述

专利文献包含广泛的技术经济信息内容，作为技术创新产出的代表，体现了新知识的发展趋势（Meyer，2002；Rickne，2002）。自 20 世纪 70 年代以来，专利作为衡量科技创新产出水平的指标得到了广泛应用，成为衡量和描述技术创新活动的重要指标（Griliches，1990；Anthony，2001）。国内有关专利问题的研究起步于 20 世纪 90 年代，并在 2005 年之后进入规模化研究阶段，这与我国专利事业发展具有直接关联。从现有研究来看，虽然学者们对用专利表征创新的结论存在一定的争议，但专利与创新具有较强依存度的结论得到了学者们的普遍认可，因此专利被频繁用来衡量知识和创新被认为是合理和可行的（Kortum，1989；Acs et al.，2002；Furman，2002；李习保、解峰，2013；马军杰等，2013）。结合本书研究，总体来看，国内外专利创新相关研究主要分布在产业专利创新、高校专利创新、企业专利创新和区域（城市）专利创新等领域。

一　产业专利创新研究

专利分析方法正越来越多地应用于产业领域的研究，如技术预见分析、企业技术创新分析等，通过对相关专利文献数据的研究分析，可以透析产业的研究现状及发展趋势，识别研究特点及关键技术，揭示技术研究力量的布局，获取重要的战略性和创新性信息。在新一轮科技革命和产业变革中，技术创新能力的产业化发展是最重要的环节。专利创新影响跨产业的研发资源配置，影响内生经济增加值结构中的研发，并促进经济增长，这种效果在发达国家中更为明显（Donoghue & Zweimuller，2004；Schneider，2005；Falvey，2006；Walter，2008）。专利产出与经济增长之间关系的研究在国内外已经开展了较多。刘思嘉、赵金楼（2010）分析了高新技术产业专利开发与经济增长的互动关系，研究表明，1998～2004年，我国高技术产业专利开发与经济增加值的互动效率呈现逐年平稳递增的态势，并逐渐进入良性循环发展轨道。张古鹏、陈向东（2011）选取与国务院公布的新兴产业紧密联系的电信和信息、生物、材料、环境、机械工程5个技术领域作为研究对象，使用专利授权率和专利平均付费期长度2个指标比较中国与发达国家间的技术创新质量。总体来看，近年来我国本土申请授权专利数量的大幅增长反映了我国研发规模的壮大和创新能力的提升，但专利授权率和专利平均付费期长度均落后于发达国家，表明我国在专利质量方面与发达国家存在较大差距。在现有研究中，学者们大多强调"技术密集型产业"（Technology Intensive Industry）的概念来展开研究，但从技术到专利还需要经过法律申请的程序，专利获得了合法的垄断权，为技术提供了更强的竞争力。关于"专利密集型产业"（Patent Intensive Industries）的研究是一个比较新的学术领域，对专利与特定产业、国家和历史阶段的关系进行研究的文献尚不多见（Qian，2007）。

同时，国内学者分别从产业层面和企业层面开展了产业领域专利创新影响因素的研究。徐伟民、李志军（2011）采用动态面板数据分析模型，利用 125 个上海市高新技术企业的面板数据，研究了上海市科技政策对高新技术企业专利产出的影响效果。研究表明，高新技术企业科研能力，即 R&D 人员比例以及 R&D 投入强度水平对其专利产出具有显著的促进作用，是上海市高新技术企业专利产出的决定性因素，政府资助和税收减免政策对提高上海市高新技术企业专利产出能力有着显著的促进作用，但政府资助和税收减免政策对其专利产出存在"门槛效应"。徐明、姜南（2013）采用"产业专利密度"的概念对我国 230 个产业进行了分析，筛选出 63 个专利密集型产业，采用主成分分析法对专利密集型产业的人力投入、资金使用、研发活动中的 9 个因素进行了研究，并得出 3 个主成分。研究结果表明，影响最大的因素分别是企业平均新产品开发项目数、参加项目人员占全部从业人员的比例、企业平均科技活动经费外部支出。

此外，产业专利创新和研发人员之间的关系也得到了关注。杨孝梅、陈德智（2010）选取上海市电子通信、机械动力、生物医药 3 个专利产出较多行业的 736 名研发人员为样本，通过统计分析及回归分析研究了 R&D 人员的专利产出能力与年龄的分布关系，研究发现中国 R&D 人员的专利产出能力与年龄的分布服从倒 U 形的单峰曲线关系（研发人员的专利产出能力与年龄增长呈现出倒 U 形的曲线关系)①。研究结果表明，以专利为产出指标来衡量 R&D 人员创造力与年龄关系的结论和国外学者以其他指标所做的研究结果有一致性，就上海市而言，电子通信和机械动力领域研发人员的专利产出能力在 40～49 岁时达到峰值，生物医药领域研发人员的专利产出能力在 50～59 岁时达到峰值。有关专利创新与研发人员年龄结构的研究结论表明，中心城市必须建立科学合理的人才梯队结构，这在本书后续研究中也得到了体现。

从表 2-2 可以看出，学者们对产业专利创新主要从专利对产业的影响、技术密集型产业专利创新、产业专利密度、专利创新和研发人员之间的关系等角度进行研究。研究结果表明，专利创新显著影响了跨产业的研发资源配置，通过这种配置导向，整个专利合作网络逐步形成，创新资源的配置效率也进一步提升。但总体来看，近年来无论是我国研发规模还是专利创新规模都实现了显著提升，但研发质量与发达国家仍存在较大差距，尤其是缺少对引进设备和技术进行快速吸收和转化的高技术人才。从上海的案例分析来看，企业专利产出需要有来自政府的大力资助和税收减免政策扶持，这种政策促进效果是非常显著的。

---

① 20 世纪 50 年代，有关年龄与创新产出之间的关系研究逐渐引起国外学者的广泛关注，Lehman（1953）最早调查了 170 名数学、物理、化学、地质学、生物学、心理学等领域最杰出的学者，发现创新产出的最佳年龄一般在 30～40 岁，而且最杰出的成就一般都是在 40 岁以前做出的。随后的大多数实证研究的结果表明，研发人员的创新产出与年龄大体呈现倒 U 形的曲线关系，即研发人员的创新产出会在中年时期达到高峰，随后便出现下降的趋势（Cole，1979；Diamond，1986）。研究发现，研发人员的创新产出与年龄呈现出马鞍状的双峰分布（Levin，1991），即在生命周期中存在两个同样大小的绩效高峰；但有学者认为，研发人员的年龄与创新产出之间没有明显的相关性（Zuckerman，1972）。虽然对有关年龄与创新产出之间的关系还存在一定的不同认识，但客观而言，在做好梯队建设的同时，集聚一大批年富力强、富有创新意识的中青年科研人员，将是上海建设具有全球影响力科技创新中心的基本前提之一。

表 2 - 2 产业专利创新的主要文献综述

序号	作者	年份	主要观点
1	Donoghue、Zweimuller	2004	专利创新影响跨产业的研发资源配置，通过知识产权保护，影响内生经济增加值结构中的研发，并促进经济增长，这种效果在发达国家中更为明显
2	Schneider	2005	
3	Falvey	2006	
4	Walter	2008	
5	刘思嘉、赵金楼	2010	1998~2004 年，我国高技术产业专利开发与经济增加值的互动效率呈现逐年平稳递增的态势，并逐渐进入良性循环发展轨道
6	杨孝梅、陈德智	2010	中国 R&D 人员的专利产出能力与年龄的分布服从倒 U 形的单峰曲线关系（研发人员的专利产出能力与年龄增长呈现出倒 U 形的曲线关系）
7	张古鹏、陈向东	2011	我国在研发规模方面的创新能力显著提升，但专利授权率和专利平均付费期长度皆落后于发达国家，研发质量与发达国家差距很大
8	徐明、姜南	2013	对产业专利创新影响最大的因素是企业平均新产品开发项目数、参加项目人员占全部从业人员的比例、企业平均科技活动经费外部支出
9	陈伟、沙蓉、张永超	2013	在引进大量先进设备和技术后，我国仍缺乏能够快速吸收、转化的高技术人才和相匹配的企业规模，专利产出能力与专利创新资源投入能力不匹配

二 高校专利创新研究

高校作为我国创新资源最为丰富的地方之一，拥有优秀的科技人才、良好的科研环境，在国家科技创新体系中占据重要地位[①]。《国

---

① 2000~2014 年产生的 14 项国家科学技术发明一等奖中（2000~2003 年、2007 年、2010 年空缺），高校占了 11 项，充分说明高校已经成为我国原始创新和技术发明中的主导性力量，其中清华大学 4 项、北京航空航天大学 2 项、东南大学 1 项、中国海洋大学 1 项、哈尔滨工业大学 1 项、中南大学 1 项。其间，上海市未获得一等奖。

家中长期科学和技术发展规划纲要》明确指出，"高校是我国培养高层次创新人才的重要基地，是我国基础研究和高技术领域原始创新的主力军之一，是解决国民经济重大科技问题、实现技术转移、成果转化的生力军"①。专利是高校科技创新活动的一个重要成果产出形式，提升高校的专利产出质量和水平、促进高校的专利技术转移，不仅关系到高校科技创新能力的建设，也直接影响我国自主知识产权战略的实施（付晔，2010）。高校特别是一批高水平大学，依托人才、学科、信息、平台等有利条件，在基础研究、高新技术研发等方面具有明显优势，是我国基础研究的主力军、高新技术研究的生力军（杨健安，2010）。根据本书的统计，我国高校科技投入、科技产出主要集中在一批高水平高校，以专利为例，专利授权量排名前100的高校占专利授权总量的76%以上。1985～2013年，我国高校共获得专利授权132465件，年均增长24.7%，其中发明专利占51.5%，实用新型占40.8%。

近年来，专利技术转移受到世界各国政府、企业和大学的高度重视，其影响因素问题也成为学术界的研究热点。杨健安（2010）分析了1985年我国实施专利制度以来我国高校专利申请、授权情况，研究表明，清华大学、浙江大学、上海交通大学、南京大学、华中科技大学、北京大学、复旦大学、哈尔滨工业大学、山东大学、重庆大学分别列我国高校专利技术转化体系的前10位。饶凯、孟宪飞、徐亮

① 2012年，全国共有2263所普通高等学校，发表科技论文964877篇；高校的科技活动人员数为58.0万人，占全国（496.7万人）的11.7%；R&D人员数为26.6万人/年，占全国（196.5万人/年）的13.5%；科技经费筹集为732.7亿元，占全国（9123.8亿元）的8%；R&D经费支出为390.1亿元，占全国（4616.0亿元）的8.5%；专利申请数为45145项，占全国职务专利申请（364386项）的12.4%。资料来源：《2014年中国教育统计年鉴》和《2014年中国科技统计年鉴》。

等（2013）实证分析了研发投入对地方高校专利技术转移活动的影响，研究结果表明，各种不同性质与来源的研发投入对我国地方高校专利技术转移活动具有显著影响，对于科技经费的来源，各省（区、市）自身的科技经费投入显著促进该省（区、市）地方高校专利技术转移合同数量的增长。

高等学校与企业之间联合申请专利是高校"试验、技术"型成果与企业"生产、市场"型需求有效对接的桥梁。在发达国家，大学的科学研究活动高度注重与企业的合作，合作的方式大体有两种：一是合作研究；二是委托研究，大学设立专门科技成果转化机构，并鼓励师生个人创办公司，成为"高校派生企业公司"（Gerard George，2002）。雷滔、陈向东（2011）使用可视化的社会网络分析法，从区域层面剖析了1985年以来校企联合申请量的三个演化阶段，合作中心由北京"一枝独秀"到上海、浙江等地"百花齐放"的动态趋势转变，研究了清华大学、北京大学、上海交通大学等联合申请较多的校企合作布局，多元合作方式为其他高校提供了诸多经验借鉴。因此，我国高校空间布局不平衡的问题，需要国家政策的引导和调解，打破合作壁垒，通过产学研联合示范点消除创新"孤岛"。发达地区的高校可以将部分研究院或研究功能等转移至中西部欠发达地区，这一点也是本书研究中的一个重要结论和对策建议。

专利引用网络的建立为分析大学向企业的知识溢出提供了一个全新的研究视角。Jaffe和Trajtenberg（2000）指出专利引用是技术或知识扩散的重要渠道，大学作为知识生产和扩散的主体，是知识溢出的重要来源。陈振英等（2013）分别从国内专利和国外专利两个维度，从专利的数量、有效维持情况、专利价值、专利保护范围、被引用情况等多个角度揭示高校专利的核心竞争力表现，并与国外一流大学进行对比分析，发现高校知识产权的创造非常活跃，但在庞大的数量背后隐藏了缺乏有效创新和高竞争力的核心专利等若干软肋，研究结果表明，除了清华大学以外①，C9 大学②在国际专利的布局范围、国际专利的申请量和授权量、国际专利的影响力和竞争力表现上与国外大学差距很大。邢科慧（2010）通过"中国专利数据库"（1985~2009 年）获取所有"大学"在中国知识产权局申请并公布的专利数据，筛选出 25 所在发明和实用新型专利申请方面表现突出的高校作为研究对象，对其进行了横向、纵向的比较分析，并针对我国高校专利申请得出了相关研究结论。

通过表 2-3 可以看出，我国学者对高校专利创新研究的成果和观点较为丰富。学者们普遍认为，专利是高校科技创新活动的重要成果产出形式，而提升高校专利产出质量和水平、促进高校的专利技术转移，不仅关系到高校科技创新能力的建设，而且直接影响到我国自主知识产权战略的实施。对不同高校的专利创新成果进行分析后发现，目前以高等院校为代表的科技创新资源在区域上的分布不均是我国区域创新包括专利创新分布不均的重要诱因。因此，在这种背景下，缩小区域间创新差距、推动区域创新能力平衡发展的最直接的动力将是加快区域综合性院校、特色专业院校蓬勃发展，而推动以中心城市为代表的高校合作、实现科技溢出与科技流入有效对接将是本书的主要研究目的。

①　本书的研究表明，清华大学是目前国内高校中具有专利创新合作国际化视野和较强合作能力的高校，清华大学除了与我国台湾地区鸿海精密工业股份有限公司有较多合作外，还与美国、日本、德国、荷兰等多个国家开展了专利创新合作。目前，清华大学与世界 500 强企业中的 110 家建立了合作关系，与 32 个国家超过 200 所大学建立了校际合作关系，2015 年，清华大学与华盛顿大学、微软公司共同创建全球创新学院，这是我国高校在美国建立的第一个实体校区和综合性创新合作平台。

②　C9 大学包括"985 工程"首批入围的 9 所大学：清华大学、北京大学、上海交通大学、复旦大学、浙江大学、南京大学、中国科学技术大学、哈尔滨工业大学、西安交通大学。

表 2 - 3　高校专利创新的主要文献综述

序号	作者	年份	主要观点
1	Jaffe、Trajtenberg	2000	大学作为知识生产和扩散的主体，是知识溢出的重要来源
2	Gerard George	2002	发达国家的大学高度注重与企业的创新合作，大学设立专门科技成果转化机构，并鼓励师生个人创办公司，即"高校派生企业公司"
3	付晔	2010	专利是高校科技创新活动的重要成果，提升高校的专利产出质量和水平、促进高校的专利技术转移，不仅关系到高校科技创新能力的建设，也直接影响我国自主知识产权战略的实施
4	杨健安	2010	高校特别是高水平大学，依托人才、学科、信息、平台等有利条件，在基础研究、高新技术研发等方面具有明显优势，是我国基础研究的主力军、高新技术研究的生力军
5	邢科慧	2010	国家支持对于高校，尤其是工科高校专利创新具有积极影响；我国高校发明专利技术主题分布与国家所有发明专利技术主题分布有所不同；清华大学的专利质量最高
6	雷滔、陈向东	2011	我国高校空间布局不平衡的问题，需要国家政策的引导和调解，打破合作壁垒，通过产学研联合示范点消除创新"孤岛"
7	陈振英、陈国钢、殷之明	2013	除清华大学外，C9 大学在国际专利的布局范围、国际专利的申请量和授权量、国际专利的影响力和竞争力表现上与国外大学差距很大

三　企业专利创新研究

专利作为知识产权中科技含量高的重要组成部分，已经成为各国企业争夺竞争优势的重要手段，在国际上，日本是专利分析开展最早的国家之一，以经济产业省特许厅为代表，为中小企业免费制作大量行业专利地图。目前，国外对于专利分析方法的理论研究已经比较成熟，并较好地用于专利数据分析，为企业挖掘其竞争对手的战略竞争情报以及做出决策提供有价值的参考。Griliches（1981）利用 157 家美国企业样本数据，首次发现并提出研发投入和专利能够提升企业价值，之后，哈佛学派的 Pakes（1985）、Hall（1993）和耶鲁学派的 Levin 等（1987），以及英国的 Bloom 和 Reenen（2002）的研究都进一步验证了 Griliches（1981）的研究结论。Griliches（1990）认为专利与企业价值之间的相关性要高于 R&D 投入与市场价值的相关性。Bernd Fabry 等（2006）认为专利分析能够评估技术研发状况，发掘商业机会。发展中国家和地区的企业往往集中在一般制造领域，而发达国家的企业尤其是跨国公司则往往集中在技术研发环节，进而在获取专利后开展技术许可贸易达到垄断市场利润的目的（Arthur，1989）。当前，以美日企业为代表的跨国企业，在运用专利战略参与市场竞争时，其实施主体已经逐渐由单个企业发展到专利联盟（Patent Pool）的形式①。Philliphs 和 Wrase（2006）认为，一旦厂商研发出新的或更高水平的技术，旧的技术被淘汰，研发厂商就可能取代原有厂商，成为新的垄断者，进而能够从对创新的暂时垄断控制中获得短期超额利润。Albert 和 Gary（2009）在基于大中型企业数据的研究表明，近年来中国专利的爆发性增长，从表面来看是大量研发投入的结果，但这仅仅是"专利爆发"（Patent Explosion）的一部分原因，而外资的增加对于中国专利的增长具有很强的刺激效应，产业中外资投入占比每增长 10%，国内企

---

① Shapiro（2001）认为专利联盟包括一个单独的实体（该实体可以是一个新的实体，也可以是原专利权人中的一个），该实体将两个或多个公司拥有的专利打包给第三方。2002 年，DVD6C（东芝、日立、松下、三菱、时代华纳、JVC）、DVD3C（飞利浦、索尼、先锋）专利联盟向我国 DVD 生产企业索取高额的专利费，受中国企业委托与各专利权人谈判的中国电子工业音响协会（简称 CAIA），被迫先后于 2002 年 4 月和 8 月与 DVD3C、DVD6C 等组织签订了备忘录，接受了专利联盟的收费要求。但签订许可协议后的中国企业，要么因不堪高额专利费的重负而减产，要么因无法支付专利费而被专利联盟解除许可协议，要么因利润空间急剧压缩而处于债务危机之中。转引自陈欣《专利联盟理论研究与实证分析》，博士学位论文，华中科技大学，2006。

业的专利申请量就增长 15%，国外企业的竞争显著提高了国内企业的专利战略价值意识，尤其是在电子机械、交通运输设备和化工等产业领域，这种现象更为明显。

国内企业专利创新研究主要侧重影响因素的研究分析。李柏洲、苏屹（2010）对我国大型企业发明专利数和企业利润进行了典型相关分析，研究表明，发明专利数对企业利润具有显著的正向影响，发明专利数每提升 1%，企业利润则相应提升 0.561%。李伟（2011）从内外部影响因素入手，构建了企业专利能力影响因素模型，通过运用结构模型对宁波、杭州的问卷调查进行验证，研究表明，企业专利能力内部影响因素包括企业人力资源配置水平、企业家素质、企业规模、创新能力和企业学习能力，外部因素包括区域经济增长、专利制度和政策促进以及知识产权文化塑造等因素，同时外部影响因素通过内部影响因素影响企业专利创新能力的培育和提升。杨佃民、杨晨（2013）对新疆规模以上企业专利创新进行了分析，认为企业专利创新在建设创新型新疆、实现优势资源转化中具有战略性作用，并提出大力营造专利创新的政策法律环境、努力培养企业知识产权文化、推动专利创新成果转化及促进专利创新持续发展等对策建议。

企业是科技应用和成果转化的最前沿，在探索技术进步、推动技术创新过程中具有最直接的动力。专利是企业取得竞争优势的重要手段，帮助企业挖掘竞争对手战略情报以及及时做出反应。目前，学者关于企业专利创新的主要观点主要表现在研发投入和专利能够提升企业价值、专利与企业价值间的关系高于直接进行研究与发展投入、专利分析能够评估技术研发状况、发展中国家及发达国家企业专利研究方向等。从表 2-4 中可以看出，这些研究大多基于理论层面，而推动企业加快专利成果转化、减少专利泡沫将是下一步企业专利研究的重点内容。笔者认为，企业面对市场的最前沿，对前沿技术具有最直接的关注度。因此，企业对专利研究的方向代表了当前技术创新的方向，加强企业创新合作网络研究也将是本书主要的研究任务。

表2-4 企业专利创新的主要文献综述

序号	作者	年份	主要观点
1	Griliches	1981	研发投入和专利能够提升企业价值，但与发达国家相比，发展中国家的专利对企业价值的提升作用相对较小
2	Pakes	1985	
3	Hall	1993	
4	Levin 等	1987	
5	Bloom、Reenen	2002	
6	Griliches	1990	专利与企业价值之间的相关性要高于R&D投入与市场价值的相关性
7	Bernd Fabry 等	2006	专利分析能够评估技术研发状况，发掘商业机会
8	Philliphs、Wrase	2006	一旦厂商研发出新的或更高水平的技术，旧的技术被淘汰，研发厂商就可能取代原有厂商，成为新的垄断者，进而能够从对创新的暂时垄断控制中获得短期超额利润
9	Albert、Gary	2009	外资的增加对于中国专利的增长具有很强的刺激效应，产业中外资投入占比每增长10%，国内企业的专利申请量就增长15%
10	李柏洲、苏屹	2010	大型企业增加对基础研究的投入可以有效地推进其利润的增长
11	李伟	2011	企业专利能力内部影响因素包括人力资源配置水平、企业家素质、企业规模、创新能力和企业学习能力，外部因素包括区域经济增长、专利制度和政策促进以及知识产权文化塑造等因素

四 区域（城市）专利创新研究

专利是评估区域（城市）创新产出的最广泛使用也是最具代表性的指标，其空间分布为区域（城市）创新程度的衡量提供了富有价值的信息。专利作为集技术情报、商业情报、经济情报等于一体的知识载体，已经成为研究区域（城市）科学技术发展状况、创新水平的重要对象。通过专利统计，可以发现和明确不同国家、地区、城市的技术实力和创新水平，也可以发现企业发展的技术变化轨迹及其技术创新水平（Abraham B. P., Moitra S. D., 2001；Porter A., Newman N., 2005；WIPO, 2009）。同时，通过专利计量分析，可以测度一个国家、地区、城市的技术创新程度、技术扩散情况等，可以通过发明人合作网络揭示深层次的合作动机等（Jaffe A. B., Trajtenberg M., Fogarty M. S., 2000；Iversen E. J., 2000；Agrawal A., Kapur D., Mchale J., 2008；Lee J., 2010）。此外，通过对专利知识的信息挖掘，可以跟踪区域（城市）技术演进路线、预测技术发展趋势（Yoon B., Phaal R., Probert D., 2008）。对于一个区域（城市）而言，研发经费投入与产出之间存在怎样的关系，历来是有关创新问题和技术进步问题研究的重要方向。Derek（1963）认为科技产出与国家的经济总量成正相关关系，而并非由这个国家的人口数量、地理面积等因素决定。Pakes（1985）指出，制度、技术和市场环境等因素决定着不同地区专利的经济价值。Griliches（1990）指出用利润和生产率来反映 R&D 产出，但其结果与预料中的差异很大，利润和生产率不是 R&D 产出最直接和最优的衡量指标。F. Narin（1994）的研究表明文献数量和专利授权数量具有类似的统计规律，但并没有揭示专利授权数量和经济总值之间的定量关系①。于伟、张鹏（2012）则选取地区外资数量、固定资产投资、地区生产总值、研发经费支出、规模以上工业企业资产和高学历人才数量等指标，基于 2007～2009 年的专利统计数据的分析表明，我国各省域专利授权总量和发明专利授权量存在空间相关关系，区域经济发展基础、全社会研发投入和开放合作水平对专利授权具有显著影响。因此，必须打破区域行政壁垒，强化区域间开放合作，通过创新人员交流和产业合作对接等方式更加主动接受周边技术高位势地区的辐射带动。

对于不同区域而言，其专利合作有着不同的发展路径，长三角和珠三角则体现了不同的代表性，这也为相关中心城市开展专利合作提供了不同的外部条件。冯仁涛、余翔、金泳锋（2012）基于专利情报构建技术机会和技术专业化指标，探讨近 20 年来技术机会的分布及其与区域技术专业化的关系，研究结果表明，只有广东等极少数地区在拥有最高技术机会的技术领域实现了专业化，而其他地区的技术能力则往往被锁定在技术开发层面，其最根本的原因在于珠三角城市构建了以市场化为导向、以企业为主体的技术创新体系。以深圳市为例，其 90% 以上的研发机构是由企业主体创办的，90% 以上的研发人员集中在企业，90% 以上的研发经费源于企业，90% 以上的发明专利出自企业。而以市场化为导向的创新体系大大缩短了技术产业化的时间，并有力提高了技术产业化的成功率。同时，技术发展的路径依赖和积累特性也产生了很大的影响，如江苏、山东等省份，其技术发展方向的选择不可避免地受制于已有的技术基础。从区域专利创新来

---

① 基于 Narin 的研究，本书在对中心城市专利创新合作进行研究的基础上，结合第三次工业革命背景下的主要新兴技术领域，选择机器人技术领域，进行了有关文献分析和专利创新合作研究，明确提出了"新兴技术知识储备"的概念，本书的研究表明，知识储备与专利产出具有密切关联，但并不决定最终专利创新数量。

看，长三角地区是我国区域创新最具活力的地区，经济水平居于全国前列，基础设施建设完备，科技创新环境优良，创新政策体系健全，对科技人才的吸引力较强，同时高等教育机构集聚，科研院所研发能力较强，引进外资力度较大，外资对本地区知识溢出作用较强，本地创新能力不断提高，这些都是导致长三角地区创新活动差异不断缩小的重要原因（姜磊、季民河，2011）①。张文新、李琴、吕国玮（2012）运用主成分分析法，对我国4个直辖市和15个副省级城市的专利综合实力进行了比较分析，揭示了各城市间专利综合实力的差异，并采用多元线性回归分析法，对19个城市专利综合实力的影响因素进行了分析。研究表明，深圳、上海和北京的专利综合实力分列前三位。马军杰、卢锐、刘春彦等（2013）的研究表明，中国省域专利产出绩效在总体上呈上升趋势，其分布态势表现出了明显的空间自相关性，且其中"创新者"主要集中在中国东部沿海地区，经济发展水平、产业结构和城市化水平等对专利产出绩效具有显著的推动作用。

区域（城市）科技创新活动的最直接、最广泛的衡量指标是专利，通过对专利的研究分析，可以直观地发现区域（城市）间的科技发展差距，也可以发现企业发展的技术变化轨迹及其技术创新水平。国内外关于区域（城市）专利创新的研究主要集中在专利对区域创新的作用、通过不同的定量分析方法测算区域内不同主体的创新水平等，研究结果表明，经济基础、城市化水平、研发投入和开放水平等

---

① 本书从中心城市专利创新合作角度开展的研究表明，长三角地区的创新活动差距，包括专利创新能力的差距都有逐步缩小的趋势，这其中两方面的因素不容忽视，一方面，以上海为核心，以南京、杭州为副核心的长三角创新合作网络关系逐步形成，另一方面，以苏州为代表的新兴专利创新城市主体正在迅速发展，还有一批在相关领域表现突出的长三角城市，共同推进了长三角地区专利创新合作网络的不断完善。

均对专利合作形成了显著影响，而对于技术低位势的城市而言，则必须打破行政壁垒，强化城市合作，通过人员交流和产业对接等方式主动接受技术高位势地区的辐射（见表2-5）。这些研究结果为本书后续的研究提供了思路，在此基础上，本书提出加强中心城市间创新合作、推动我国整体创新能力提升的对策建议。

表2-5 区域（城市）专利创新的主要文献综述

序号	作者	年份	主要观点
1	Abraham B. P. , Moitra S. D.	2001	通过专利统计，可以发现和明确不同国家、地区、城市的技术实力和创新水平，也可以发现企业发展的技术变化轨迹及其技术创新水平
2	Porter A. , Newman N.	2005	
3	WIPO	2009	
4	Jaffe A. B. , Trajtenberg M. , Fogarty M. S.	2000	通过专利计量分析，测度一个国家、地区、城市的技术创新程度、技术扩散情况等，即通过发明人合作网络揭示深层次的合作动机等
5	Iversen E. J.	2000	
6	Agrawal A. , Kapur D. , Mchale J.	2008	
7	姜磊、季民河	2011	外资对本地区知识溢出作用较强，本地创新能力不断提高，这些都是导致长三角地区创新活动差异不断缩小的重要原因
8	于伟、张鹏	2012	经济基础、全社会研发投入和开放度显著影响专利授权。打破行政壁垒，强化区域间合作，通过人员交流和产业对接等方式主动接受技术高位势地区的辐射是技术低位势地区的重要选择
9	冯仁涛、余翔、金泳锋	2012	珠三角城市构建了以市场化为导向、以企业为主体的技术创新体系，进而在拥有最高技术机会的技术领域实现了专业化，而其他区域的技术能力则往往被锁定在其他技术领域
10	张文新、李琴、吕国玮	2012	深圳、上海和北京的专利综合实力分列全国前三位

续表

序号	作者	年份	主要观点
11	马军杰、卢锐、刘春彦	2013	中国省域专利产出绩效在总体上呈上升趋势，其分布态势表现出了明显的空间自相关性，且其中"创新者"主要集中在中国东部沿海地区，经济发展水平、产业结构、城市化水平对于专利产出绩效存在明显的推动作用

第三节 创新合作网络研究

创新是一个复杂且漫长的过程，在创新技术形成的过程中，开展创新合作成为加速技术形成的重要力量。同时，不同的合作主体在相互合作过程中，形成了较为复杂和密切的合作网络，加强对创新合作网络研究，可以对该地区的创新合作力量及合作方向进行系统的分析，从而为本书有关我国中心城市创新合作网络的研究提供理论支撑。

一 创新合作网络的特征研究

英国经济学家 Christo Pher Freeman（1991）首次提出"创新网络"概念，认为创新网络是应对系统性创新的一种基本制度安排，网络构架的主要连接机制是企业间的创新协作关系。创新网络包括 10 种类型，如企业与科研院所、R&D、技术交流、技术因素推动的直接投资、技术许可证协议、技术分包、人工设计的创新网络、非正式网络等。Debresson 和 Amesse（1991）认为创新网络是一个相对松散的、非正式的、隐含的、可分解和重组的相互关系系统。欧洲创新研究组织（GREMI）的 Calnagini 等（1991）指出在区域发展过程中，企业及其外部的网络连接对于企业发展、创新以及区域经济发展都起到关键作用。Rolf（2000）认为创新网络是不同创新参与者的协同群体。网络的创新能力要大于单个创新参与者的创新能力之和。K. Koschatzky（2001）把创新网络定义为一个相对松散的、非正式的、嵌入性的、重新整合的相互联系系统，其有助于信息和知识（尤其是隐含性知识）的交流。

Harrison、Grabher、Storper、Capello 等学者最早从不同的角度对区域创新网络理论进行了研究。Harrison（1992）指出创新网络必须根植于当地的文化环境，否则将会影响区域内企业间合作关系的稳定性。因此，创新网络的根植性对于产业区的发展十分重要。Grabher（1993）则进一步指出，区域经济的发展和企业的发展正使建立在企业与区域内的其他行为主体结成网络，并根植于特定的文化环境基础，网络内松散的链接为行为主体间相互学习和创新提供了适宜的条件，使得隐性知识在区域内转化为显性知识。Capello（1999）认为，区域内的行为主体在相互联结中不断进行集体学习，促进创新网络和区域创新环境的互动，即创新网络的发展促进了创新环境的改善，而创新环境的改善则进一步推动创新网络的发展，进而实现产业集聚与持续发展。

国外学者并没有直接提及何谓区域创新合作网络，更多的是对创新网络进行界定。而国内学者则表现出了对区域创新合作网络内涵问题的颇多关注。王缉慈、盖文启（1999）在区域创新网络理论研究方面进行了开创性的研究，认为区域创新合作网络是行为主体（企业、大学、研究机构、地方政府等组织及个人）之间在长期正式或非正式的合作与交流的基础上形成的相对稳定的系统。从狭义的角度讲是指企业有选择性地与其他企业或机构结成的"持久的稳定关系"，从广义的角度讲，还包括行为主体在长期交易中所发生的非正式交流与接触。童昕、王缉慈（2000）提出在全球化背景下，建立本地创新网络是外向型制造业集聚区域产业升级和结构调整的关键，并认为全球化的联系能够提高本地创新网络的学习能力和协同能力。在此基础上,盖文启（2002）对区域创新合作网络进行了较为系统的研究,认为区域创新合作网络是指在一定地域范围内,企业、大学、研究机构、地方政府等组织及其个人在交互作用与协同创新过程中,彼此建立起的各种相对稳定的、能够促进创新的、正式或非正式关系的总和。刘健（2006）指出,区域创新网络就是区域内各行为主体以互动学习为动力、以创新为目标而结成的密切的、相互交织的网络联系。周立军（2010）认为区域创新合作网络是一个非常复杂的动态网络系统,是由核心网络系统、支持网络系统和环境网络系统组成的,三者共同作用于区域创新网络创新能力的形成。徐艳梅、于佳丽（2010）将区域创新合作网络的层级划分为核心层、次核心层和辅助支撑层,指出区域创新合作网络内各种作用机制的存在将科技园中离散的个体联结起来,这种作用机制的非线性特征导致了园区内创新的非线性,各层级相互作用共同促进了园区的创新。

通过对创新合作网络的研究可以发现,国外学者主要对创新合作网络的概念、创新合作网络的特征、创新合作网络的形成过程及其主体等方面进行研究。国内学者则更多的是从区域层面开展有关创新合作网络的研究,缺少有关城市层面的创新合作网络问题研究。同时,不同创新合作网络具有不同的作用和特征,对区域科技发展的促进作用也有较大差别,对不同区域、不同主体的创新合作网络进行对比分析,进而从案例的角度对创新合作网络进行研究具有重要意义。因此,本书相关章节将着重从比较研究、案例研究的角度对创新合作网络进行研究。

二 创新合作网络的比较研究

开展创新合作网络的比较研究是在特征研究基础之上,进一步研究分析不同合作网络的优劣势,有助于有关创新合作网络研究的进一步深入。Piore 和 Sabel（1984）指出创新合作网络在实现资源有效配置和提升企业创新能力方面都发挥了重要作用。A. Saxenian（1996）比较了硅谷与波士顿 128 号公路地区的高新技术产业发展，认为两个地区的文化差异造成了二者发展的差距，在波士顿 128 号公路地区，创新的主体主要由一些发展相对成熟、组织结构严密、彼此独立的大公司构成；在硅谷，创新的主体则主要是一些正处于创业期的中小公司。硅谷的优势在于形成了有利于小公司创业的"以地区网络为基础的工业体系"。B. Lundvall（1998）比较了多个区域创新合作网络后认为创新是一种生产者—用户相互作用的过程，共同的语言、地理及文化的接近有助于这种相互作用的过程；区域政府能够在生产者—用户关系的建立与调整上施加较大的影响力；区域边界则对生产者—用户关系加以限制。因此，各个区域生产者—用户关系体系的独特性，决定和影响了区域创新网络的存在。Giuliani（2002）在对意大利多个区域创新合作网络进行研究的基础上，提出集群吸收能力与知识流动性等是基于区域创新网络的企业知识创新系统研究网络发展的重要因素。N. H. Britton（2003）对多伦多的大型公司和小型公司网络连接的特性进行了定性研究，认为大型企业更善于构建国际网络，而中小型企业则兼顾地区网络的内外连接。这一观点与本书后续有关我国中心城市产学研创新合作网络研究的部分结论是一致的。

国内学者有关创新合作网络的比较研究主要体现在借鉴对比性研究和本土案例研究方面。李新春（2000）从产业组织的角度对美国硅谷与波士顿 128 公路的创新网络进行了比较研究，认为硅谷与波士顿 128 公路的差异反映出创新网络与官僚组织在高新技术产业发展上的差异。童晓燕（2001）通过对硅谷与筑波创新网络的研究，提出资金与技术是高技术产业区成长的必要条件，但不是充分条件，营造鼓励创新、有利于创业的氛围和环境才是更为重要的因素。杨观聪（2003）认为传统产业区创新网络与高技术产业区创新网络的不同之处在于网络形成的基础、创新思想的来源、网络联系的主要内容、网络内劳动力的流动性、与区域外部联系的强度等方面，而在政府的作用、非正式的交流、创新的产业文化方面，二者则存在相同或相似之处。朱光海、张伟峰等（2006）认为韩国大德科学城和中国台湾新竹科学工业园的成功在于将各自的实际、市场性和建构性、网络资本和风险资本网络有机结合，适应了高技术发展的本质要求。李振国（2010）对硅谷、新竹科学工业园和中关村科技园进行了演化路径的比较研究，认为硅谷是一种自下而上的演化路径，而新竹科学工业园和中关村科技园则是一种自上而下的演化路径。

以上学者主要对不同区域、不同产业、不同创新主体间的创新合作网络进行研究，研究结果表明创新合作网络在实现资源有效配置和提升企业创新能力方面都发挥了重要作用；除了地域因素外，文化差异也是影响创新合作网络的重要方面，创新是生产者—用户相互作用的过程，各个区域生产者—用户关系体系的独特性，决定和影响了区域创新合作网络的存在。同时，研究结果表明，集群吸收能力与知识流动性等是基于区域创新合作网络的企业知识创新系统研究网络发展的重要因素。但总体来看，有关创新合作网络的研究仍局限于区域层面或是"块状"创新合作网络，因此，开展针对我国中心城市专利合作网络、推动中心城市间的创新合作交流的研究具有重要的意义。

三 创新合作网络的案例研究

开展创新合作网络的案例研究是国内外有关创新合作网络研究的重要方向，相对而言，国外创新合作网络案例研究起步较早。Saxenian（1991）认为美国硅谷地区的发展，归功于区域内大小企业、大学、科研院所、商业协会等形成的区域创新合作网络的发展。Saxenian特别强调了社会关系网络和人际关系网络的重要性。Keeble等（1999）对剑桥地区中小企业集中学习过程、网络化本质和广度进行了调查，验证企业的衍生、网络化和学习过程对区域发展的重要作用。James H. Love 与 Stephen Roper（2001）以英国、德国和爱尔兰的制造工厂为研究对象，分析网络和当地环境对于创新的影响，发现拥有强大的外部联系网络的工厂创新能力更强。Helmy 和 Manuel（2002）研究了英国电子和软件公司中创新能力的决定因素，认为除了公司内部因素外，对创新起决定作用的是区域性的科学基地以及促进创新主体互动的政策。John Wolfe 和 Gertle（2006）通过对加拿大26 个区域集群的案例分析，提出了对于区域创新网络发展至关重要的 5 个"L"，分别为 Leoing、Labor、Leadership、Legislation、Lab 以及 Location。

中关村区域创新能力课题组（1999）开启了国内创新合作网络的研究，对中关村区域创新合作网络进行了系统剖析，指出区域创新合作网络的核心是创新信息的高速流动和不同方式与不同层次的技术交易的进行，企业是网络中最活跃的因素，网络的形成与发展是一个制度创新的过程，而政府则是重要的制度创新的供给者。陈丹宇（2007）研究分析了长三角区域创新合作网络非同质化实质和三个创新群的外溢效率内在的逻辑关系，构建了基于长三角区域创新合作网络形成内在机理的理论研究框架。龚玉环（2009）基于复杂网络理论视角，分析了中关村产业集群发展历程，认为中关村产业集群网络结构经历了从随机网络向无标度网络变迁的过程，资金、人才、创业企业、政府择优连接机制是变迁的主要原因。傅首清（2010）从创新合作网络演化的初始创新、离散创新、整合创新、集群创新以及优势创新五个阶段分析了中关村的创新合作网络，提出中关村创新合作网络不断演化、逐渐成熟、不断向优势创新阶段迈进。总的来看，国内研究普遍认为创新合作网络与产业发展环境之间存在彼此促进、相互改善的关系。

从国内外学者的主要观点可以看出（见表 2 - 6），创新合作网络是应对系统性创新的一种基本制度安排，其连接机制基于企业间的创新协作关系。由不同创新参与者或行为主体（企业、大学、研究机构、地方政府等组织及其个人）基于长期正式或非正式的合作与交流而形成的创新合作网络的创新能力要远大于单个创新参与者的创新能力之和。可以肯定的是，创新合作网络是一个非常复杂的动态网络系统，这一论断是与本书研究相契合的，同时这一网络系统包括了核心网络系统、支持网络系统和环境网络系统，这三个系统存在相互耦合和相互促进的关系，并共同推进形成创新合作网络的整体创新能力。目前，国内学者对创新合作网络的研究主要集中在网络的形状及形成的关系方面，对如何进一步加快区域创新合作、完善区域创新合作网络的研究相对较为浅显。因此，在新一轮科技革命和产业变革背景下，很有必要对我国区域（城市）特别是中心城市创新合作网络问题进行系统深入的研究。

表 2-6　创新合作网络的主要文献综述

序号	作者	年份	主要观点
1	Christo Pher Freeman	1991	首次提出"创新网络"概念，认为创新网络是应对系统性创新的一种基本制度安排，网络构架的主要连接机制是企业间的创新协作关系
2	Debresson、Amesse	1991	创新网络是一个相对松散的、非正式的、隐含的、可分解和重组的相互关系系统
3	Rolf	2000	创新网络是不同创新参与者的协同群体，网络的创新能力要大于单个创新参与者的创新能力之和
4	K. Koschatzky	2001	把创新网络定义为一个相对松散的、非正式的、嵌入性的、重新整合的相互联系系统，其有助于信息和知识（尤其是隐含性知识）的交流
5	王缉慈、盖文启	1999	区域创新合作网络是行为主体（企业、大学、研究机构、地方政府等组织及个人）之间在长期正式或非正式的合作与交流的关系的基础上所形成的相对稳定的系统

续表

序号	作者	年份	主要观点
6	盖文启	2002	区域创新合作网络是指在一定地域范围内，各个行为主体（企业、大学、研究机构、地方政府等组织及其个人）在交互作用与协同创新过程中，彼此建立起的各种相对稳定的、能够促进创新的、正式或非正式关系的总和
7	杨观聪	2003	传统产业区创新网络与高技术产业区创新网络的不同之处在于网络形成的基础、创新思想的来源、网络联系的主要内容、网络内劳动力的流动性、与区域外部联系的强度等方面
8	周立军	2010	创新合作网络是一个非常复杂的动态网络系统，由核心网络系统、支持网络系统和环境网络系统组成，三者共同推进形成区域创新网络创新能力
9	徐艳梅、于佳丽	2010	创新合作网络内各种作用机制的存在将科技园中离散的个体联结起来，各层级的相互作用共同促进了园区的创新
10	陈伟、周文	2014	创新合作网络的整体知识水平呈现先递增后递减的演化规律；知识增长的演化过程存在突变点，在突变时期不同网络中企业知识水平分化的情况决定不同网络知识增长绩效的差异性

第四节　本章小结

本部分主要为专利分析及研究的文献综述，分别对创新与经济增长、创新合作网络、专利与产业创新、专利与高校创新、专利与企业创新、专利与区域（城市）创新等方面的专利问题进行了较为详细的研究综述，从这些分析中可以清晰地看出国内外学者在专利领域的研究重点、热点及不足，引出了本书的研究思路、研究重点及研究难点，为本书的后续研究提供了支撑。本部分的主要结论如下。

第一，熊彼特提出"创新"概念，是古典经济学和现代经济学的一个重要划分，"创新"逐步成为一种经济要素，得到发展。"创新"概念的提出和引入进一步丰富了现代经济研究体系，但熊彼特的"创新"理念也有局限性，一方面认为创新是建立一种新的生产函数，另一方面认为创新是静态意义上的创新，而非动态的创新过程。笔者认为，在新型工业化和新型城镇（城市）化背景下，"创新"已经不是以往研究中仅仅被归为企业产业范畴的概念，而是成为在现代城市发展过程中的一种网络化概念，创新已经突破了企业边界和城市范畴，以一种"网络合作"的模式进行了极大的延伸，这也就意味着，未来在这一合作网络中，占据核心主导地位的城市，将更有可能占有未来竞争的先机。

第二，从目前的研究来看，专利是衡量创新的重要标准，同时也是经济增长的重要推动力。目前，国内外关于创新与经济增长的研究方向不尽相同，国外学者主要集中于创新推动经济增长的因素及各因素间关系的研究，而国内学者则集中于应用这些理论来对我国经济进行具体的分析研究。

第三，高校是专利创新的重要载体，也是产学研结合的关键组成，但从实践来看，我国高校作为专利成果的重要产出主体，其创新成果尚未得到有效的产业化转变，申请专利的市场化、产业化转化效率不高，是新兴技术领域发展的重要制约因素。当然这在不同区域之间存在一定甚至是较大的差异，如广东省在拥有最佳技术机会的技术领域实现了专业化，其根本原因在于珠三角地区构建了以市场化为导向、以企业为主体的专利创新体系，从后续研究来看这也是形成和奠定深圳在全国中心城市专利合作网络中地位的关键原因。

第四，创新合作网络研究对于明确区域创新合作力量和合作方向具有重要意义。目前，国内关于创新合作网络的研究主要集中于创新合作网络的特征研究、比较研究及案例研究等方面。总体来看，国内外有关专利的研究仍处于分散研究的状态，并主要分散在产业专利创新、高校专利创新、企业专利创新和区域（城市）创新等领域，集中化的研究比较缺失。同时，研究表明专利拥有量、专利质量与经济发达程度和经济增长趋势存在紧密关联。

第五，从现有研究所采用的专利分析方法来看，常用专利分析方法包括区域分析、申请人分析、发明人分析和技术领域分析等，目前来看专利地图是一种有效的可视化分析方法，而社会网络分析方法对分析专利合作网络具有积极作用，同时，专利计量分析方法正在成为重要的研究趋势，尤其是将空间计量分析方法引入专利分析中。而从基于城市层面的分析来看，类似针对中心城市专利合作网络的研究分析缺乏。

第六，从创新与经济增长、专利创新研究和创新合作网络等领域的研究来看，技术进步（创新）在经济增长中的核心作用得到了一致认可，但在新一轮科技革命和产业变革以及经济全球化和全球网络化背景下，传统创新的发生模式在空间上正在产生极大的变化，熊彼特界定的静态化、过程化的"创新"正在转变为网络化的"创新"，在不同区域、不同产业、不同创新主体间的创新合作过程中，以中心城市为主导的专利合作网络正在发挥越来越重要的作用，而有关这一问题的系统研究是目前研究中所缺乏的。

第三章

基于空间计量的城市专利产出绩效研究

知识或技术进步与一个地区或城市的经济发展、科技投入、科研人员数量及专利申请量高度相关，是一种高度聚集的产出，以往的分析从国家或省域层面进行分析，实际是对知识或科技进步的均质化分析。本书认为，与国家或省域层面相比，科学技术在市域层面（尤其是中心城市）的集聚效应更为显著，同时也不能忽略空间依赖性和空间异质性对专利产出绩效造成的影响。因此，本书在前述研究的基础上，选择在科技创新和专利申请方面具有代表性的20个中心城市①进行研究分析，以期得出城市层面的专利产出绩效指数及其影响因素。

因此，本部分重点围绕"空间视角下中心城市专利产出绩效及其影响"问题开展研究，通过这一研究为后续章节内容奠定基础和提供参考，本部分的具体内容安排如下。

第一节，本书在标准的知识生产函数基础上，采用经过修正的Griliches – Jsffe知识生产函数，并基于DEA – Malmquist生产率指数进行效率变化的研究分析，通过引入空间计量经济模型，对我国中心城

---

① 20个中心城市包括北京、上海、天津、重庆4个直辖市，沈阳、哈尔滨、长春、大连、济南、青岛、南京、杭州、宁波、武汉、广州、深圳、厦门、西安、成都15个副省级城市和长沙。2013年，20个中心城市在我国经济社会发展及科研创新发展中占据了重要地位，年末总人口为18177万人，占全国总人口的14.3%；实现地区生产总值17.5万亿元，占全国地区生产总值的30.3%；专利产出量达到87.92万件，占全国专利申请的36.99%；研究与发展经费投入占全国总研发投入的32.18%。

市间专利产出绩效的空间相关性进行研究。

　　第二节，在 DEA – Malmquist 生产率指数测算基础上，对我国 20 个中心城市 2000～2013 年以来的综合 Malmquist 专利产出绩效指数进行分析，从发展历程角度考察中心城市专利创新能力和科技进步水平以及不同区域城市之间的差别现象。

　　第三节，在第二节考察中心城市专利产出绩效的基础上，引入空间要素，基于城市层面，开展中心城市专利产出绩效的空间自相关检验和计量研究分析。

　　第四节为本章小结。

第一节　主要研究方法

一　知识生产函数

　　有关专利产出效率的衡量，可以结合知识生产过程进行设计，而考察知识生产效率与知识溢出效应的重要理论分析工具是知识生产函数。知识生产函数将创新产出和创新投入联系起来，将研发经费投入和人力资本投入作为知识生产和创新的主要投入，通过这种投入可以生产出新的且富有价值的知识。创造新经济知识的最大投入通常是研究开发投入（R&D），其他的输入变量包括人力资本中的熟练劳动力、教育水平等（马军杰等，2013）。本书拟采用 Griliches（1979，1985）和 Jsffe（1989）提出的标准知识生产函数，即经过修正的在文献上被称为 Griliches – Jsffe 知识生产函数的柯布 – 道格拉斯形式：

$$K = RD_i^{\alpha} Z_i^{\beta} \epsilon \qquad (3-1)$$

　　其中，K 为创新即知识生产函数的产出，RD 为 R&D 投入，Z 为其他影响知识生产函数的变量，ϵ 为随机干扰项，i 为观测单元数。

二 DEA – Malmquist 生产率指数

(一) 距离函数

Malmquist 生产率指数运用距离函数（Distance Function）来进行定义，并用于描述不需要说明具体行为标准的多个输入变量和多个输出变量生产技术，故求解 Malmquist 指数前须先界定距离函数。运用基于投入的方法或者基于产出的方法能够定义距离函数，投入角度下的距离函数是以给定产出下投入向量能够向内缩减的程度来衡量生产技术的有效性；产出角度的距离函数则是在给定投入的条件下，考察产出向量的最大扩张幅度（苏凤娇，2011）。

在时期 t、固定规模报酬 C 和投入要素可处置强度 S 一定的条件下，其投入的距离函数可以表示为：

$$D_0^t(y^t, x^t) = \frac{1}{f_0^t[y^t, x^t(C, S)]} \qquad (3-2)$$

其中：D_0 即为距离函数，下标 0 表示基于产出的距离函数，f_0^t 即为第 t 期的投入生产函数（Fare，1991）。

(二) DEA – Malmquist 生产率指数及其分解

DEA – Malmquist 生产率指数是由瑞典经济学和统计学家 Sten Malmquist 在 1953 年用于分析不同时期消费变化时提出的，Caves、Christensen 和 Diewert（1982）等人将 DEA – Malmquist 生产率指数应用于生产率变化的测算，Fare 等（1994）给出了非参数的线性规划算法，并与 DEA 理论相结合，使 DEA – Malmquist 生产率指数得到更加广泛的应用。Fare 等（1994）提出的基于产出的 DEA – Malmquist 生产率指数表示为：

$$M_0^t = \frac{D_0^t(x_{t+1}, y_{t+1})}{D_0^t(x_t, y_t)} \qquad (3-3)$$

$D_0^t(x_{t+1}, y_{t+1})$ 代表以第 t 期的技术表示（以第 t 期的数据为参考集）的 $t+1$ 期技术效率水平。

由于时期选择的任意性所带来的差异，以两个时期 DEA – Malmquist 生产率指数的几何平均值作为度量 t 时期到 $t+1$ 时期生产率变化的 DEA – Malmquist 生产率指数，具体的表达式如下：

$$M_0(x_{t+1}, y_{t+1}, x_t, y_t) = \left[\frac{D_0^t(x_{t+1}, y_{t+1})}{D_0^t(x_t, y_t)} \times \frac{D_0^{t+1}(x_{t+1}, y_{t+1})}{D_0^{t+1}(x_t, y_t)} \right]^{\frac{1}{2}}$$

$$(3-4)$$

$M_0(x_{t+1}, y_{t+1}, x_t, y_t) > 1$，表示全要素生产率呈增长趋势。

$M_0(x_{t+1}, y_{t+1}, x_t, y_t) = 1$，表示全要素生产率不变。

$M_0(x_{t+1}, y_{t+1}, x_t, y_t) < 1$，表示全要素生产率呈下降趋势。

Nishimizu 和 Page（1982）将全要素生产率的变化分解为技术进步和技术效率的提高两个不同的组成部分。Fare 等（1994）证明，DEA – Malmquist 生产率指数同样可分解为技术效率指数（*effch*）和技术进步指数（*techch*）两部分，可以将技术效率指数分解为纯技术效率变化指数（*pech*）和规模效率变化指数（*sech*）。

$$\begin{aligned} M_0(x_{t+1}, y_{t+1}, x_t, y_t) &= \left[\frac{D_0^t(x_{t+1}, y_{t+1})}{D_0^t(x_t, y_t)} \times \frac{D_0^{t+1}(x_{t+1}, y_{t+1})}{D_0^{t+1}(x_t, y_t)} \right]^{\frac{1}{2}} \\ &= \frac{D_0^{t+1}(x_{t+1}, y_{t+1})}{D_0^t(x_t, y_t)} \left[\frac{D_0^t(x_{t+1}, y_{t+1})}{D_0^{t+1}(x_{t+1}, y_{t+1})} \times \frac{D_0^t(x_t, y_t)}{D_0^{t+1}(x_t, y_t)} \right]^{\frac{1}{2}} \\ &= effch \times techch \\ &= pech \times sech \times techch \end{aligned}$$

$$(3-5)$$

其中：

$$effch = pech \times sech = \frac{D_0^{t+1}(x_{t+1}, y_{t+1})}{D_0^t(x_t, y_t)}$$

$$(3-6)$$

$$techch = \left[\frac{D_0^t(x_{t+1}, y_{t+1})}{D_0^{t+1}(x_{t+1}, y_{t+1})} \times \frac{D_0^t(x_t, y_t)}{D_0^{t+1}(x_t, y_t)} \right]^{\frac{1}{2}}$$

$$(3-7)$$

技术效率指数是规模报酬不变且要素自由处置条件下的效率变化指数，其测度从时期 t 到时期 $t+1$ 每个观察对象对最佳实际边界的追赶程度，$effch > 1$ 表示技术效率上升，反之则为技术效率下降。$techch$ 指数测度技术边界从时期 t 到时期 $t+1$ 的移动，$techch > 1$ 表示技术进步，即生产边界提升，反之则为技术后退。

三 空间计量经济模型

传统统计理论是一种建立在独立观测值假定基础上的理论，然而在遇到空间数据问题时，独立观测值在现实生活中并不是普遍存在的（Audretsch & Maryann，1996）。这是因为许多地理空间的数据容易受到空间依赖和空间异质性的影响，正是由于受到这种影响，用普通最小二乘法进行模型估计有可能导致模型设定的偏差（马军杰，2013）。因此，学者对地理空间数据进行分析后发现采用空间回归模型可以比较有效地解决空间环境中的空间依赖性与空间异质性等问题，这些空间回归模型主要包括系数的空间滞后模型（Spatial Lag Model，SLM）与空间误差模型两种（Spatial Error Model，SEM）（Anselin，1988；Anselin，Florax，2004；吴玉鸣，2006；李倩，2013）。

空间滞后模型的主要作用是探讨产出变量在一个地区是否具有知识溢出效应，其模型表达式为：

$$y = \rho W_1 y + X\beta + \mu \tag{3-8}$$

$$\mu = \lambda W_2 \mu + \varepsilon \tag{3-9}$$

其中参数 β 反映了自变量对因变量的影响；空间滞后因变量 $W_1 y$ 是内生变量，反映了空间距离对区域经济行为的作用；X 为 $n \times k$ 的外生解释变量矩阵；ρ 与 λ 为空间回归系数；ε 为随机误差向量。

空间误差模型度量的是邻近地区相关因变量的误差冲击对本地区观察值的影响程度，其模型表达式为：

$$y = x\beta + \varepsilon \qquad\qquad (3-10)$$

$$\epsilon = \lambda W \varepsilon + \mu \qquad\qquad (3-11)$$

其中，ε 为随机误差项向量，λ 为 $n \times 1$ 阶的截面因变量向量的空间误差系数，衡量了样本观测值的空间依赖性，即相邻地区的观测值对本地区观测值 y 的影响方向和程度，参数 β 反映了自变量 x 对因变量 y 的影响。

判断城市间专利产出绩效的空间相关性是否存在，一般可通过 Moran's I 检验，两个拉格朗日乘数（Lagrange Multiplier）形式——LMERR、LMLAG 及其稳健（Robust）的 R - LMERR、R - LMLAG 等形式来实现。其中 Moran's I 检验的数学表达式如下：

$$\text{Moran's I} = \sum_{i=1}^{n} \sum_{j=1}^{n} W_{ij}(Y_i - \overline{Y})(Y_j - \overline{Y}) / S^2 \sum \sum W_{ij} \qquad (3-12)$$

其中，$S^2 = \sum_{i=1}^{n}(Y_i - \overline{Y})^2$，$\overline{y} = \dfrac{1}{n}\sum_{i=1}^{n} yy_i$ 为城市 i 的专利数观测值，W_{ij} 为空间权重矩阵，i 表示其中的任一元素。

根据空间数据可以计算 Moran's I 的期望和方差：

$$E_n(I) = -\frac{1}{n-1} \qquad\qquad (3-13)$$

$$VAR_n = \frac{n^2 w_1 + n w_2 + 3 w_0^2}{W_0^2(n^2 - 1)} - E_n^2(I) \qquad (3-14)$$

其中：

$$w_0 = \sum_{i=1}^{n} \sum_{j=1}^{n} W_{ij} \qquad\qquad (3-15)$$

$$w_1 = \frac{1}{2} \sum_{i=1}^{n} \sum_{j=1}^{n}(W_{ij} + W_{ji})^2 \qquad (3-16)$$

$$w_2 = \frac{1}{2} \sum_{i=1}^{n} \sum_{j=1}^{n} (W_{i.} + W_{.j})^2 \qquad (3-17)$$

而 $W_{i.}$ 和 $W_{.j}$ 分别为空间权重矩阵中的第 i 行和第 j 列之和，经过变换可得到：

$$Z(d) = \frac{\text{Moran's } I - E(I)}{\sqrt{VAR(I)}} \qquad (3-18)$$

$Z(d)$ 用于检验 n 个城市是否存在空间相关关系：当 Z 值为正且显著时，存在正的空间自相关关系，相似的观测值趋于空间聚集；当 Z 值为负且显著时，存在负的空间自相关关系，相似的观测值趋于分散分布；当 Z 值为零时，观测值呈现独立随机分布。

第二节　基于专利产出绩效的实证分析

一　DEA – Malmquist 专利产出绩效的数据来源与指标选取

本部分主要对中心城市的专利产出绩效进行实证分析，因此在数据和指标的选择上主要以简洁性、统一性、实用性为主，本书选取了我国最具代表性的 20 个中心城市的专利申请量、科技人员数量、研究与发展人员折合全时当量、R&D 经费支出占地区生产总值比重、人均 GDP 等指标。专利数据一般包括专利申请量和专利授权量，而由于专利授权量数据具有难获得性，并与专利申请量呈现很强的相关关系，故将专利申请量作为体现一个城市创新产出的指标，并将其作为输出指标，将科技人员数量、研究与发展人员折合全时当量、R&D 经费支出占地区生产总值比重作为输入指标。本部分的数据主要源于《中国统计年鉴》（2001～2014 年）和《中国科技统计年鉴》（2001～2014 年）、各中心城市统计年鉴及科技统计资料。

二　DEA – Malmquist 专利产出绩效分析结果

本部分首先对我国 20 个中心城市 2000～2013 年的原始数据进行标准化处理，通过 DEAP 2.1 软件得到我国 20 个中心城市的 2000～2013 年的 DEA – Malmquist 专利产出绩效指数（见表 3 – 1）和 20 个中心城市的 DEA – Malmquist 专利产出绩效指数及其分解值（见表 3 – 2）。

表 3 – 1　2000～2013 年我国 20 个中心城市 DEA – Malmquist
专利产出绩效指数

年份	effch	techch	pech	sech	tfpch
2000～2001	1.068	1.051	0.956	1.117	1.123
2001～2002	0.870	1.341	0.913	0.953	1.167
2002～2003	1.156	1.132	1.131	1.022	1.308
2003～2004	0.967	1.085	0.969	0.998	1.050
2004～2005	0.880	1.374	0.885	0.995	1.209
2005～2006	1.005	1.110	1.156	0.869	1.116
2006～2007	0.957	1.193	0.948	1.009	1.141
2007～2008	1.022	1.096	1.056	0.967	1.119
2008～2009	0.980	1.154	0.944	1.038	1.131
2009～2010	1.072	1.051	0.949	1.129	1.127
2010～2011	0.890	1.449	1.095	0.812	1.289
2011～2012	0.828	1.385	0.914	0.905	1.146
2012～2013	0.924	1.177	0.946	0.977	1.088
平均	0.967	1.193	0.986	0.980	1.153

从表 3 – 1 可以看出，我国 20 个中心城市的 DEA – Malmquist 专利产出绩效指数在 2000～2013 年里虽然有小幅度的波动，但总体均大于 1，说明我国 20 个中心城市的专利产出绩效呈现上升趋势，专利

产出绩效逐步提高。根据 DEA‐Malmquist 指数分析原理，可以将我国 20 个主要城市的 DEA‐Malmquist 专利产出绩效指数进一步分解为技术效率指数（effch）和技术进步指数（techch）两项，其中技术效率指数（effch）又可以进一步分解为纯技术效率变化指数（pech）和规模效率变化指数（sech）两项。由表 3‐1 可以看出，2000～2013 年，20 个中心城市的技术效率指数（effch）有小幅度的下降，这说明中心城市的技术效率已经呈现出规模效应递减的趋势；其中纯技术效率变化指数（pech）累计下降 0.01，规模效率变化指数（sech）累计下降 0.14，说明技术效率指数下降主要是由规模效率变化指数下降所引起的。技术进步指数（techch）累计上涨 0.126，年均增长 0.95%；从各指标的平均值来看，2000～2013 年，我国 20 个中心城市的 DEA‐Malmquist 专利产出绩效指数大于 1，说明 14 年间 20 个中心城市的专利产出绩效呈现上升趋势，但从具体来看，平均技术效率指数小于 1，说明技术效率对 DEA‐Malmquist 专利产出绩效指数的贡献值在下降，即增加 1 单位技术所带来的专利产出绩效在下降。从分解结果来看，这种下降主要表现在规模效率而非纯技术效率上。同时，2000～2013 年我国 20 个中心城市的平均技术进步指数大于 1，说明 14 年间我国 20 个中心城市的技术创新能力不断增强，技术进步对 DEA‐Malmquist 专利产出绩效指数的贡献水平不断提高。

将我国 20 个中心城市的 DEA‐Malmquist 专利产出绩效指数值降序排列可得表 3‐2，从表 3‐2 中可以看出，各个城市的 DEA‐Malmquist 专利产出绩效指数值均大于 1，表明这些城市的专利创新绩效较高，科技创新能力明显较强。各中心城市的技术进步指数（techch）均大于 1，表明专利产出绩效主要是由技术进步提供的。从排名来看，北京、上海、西安、武汉、重庆的 DEA‐Malmquist 专利产出绩效指数值列 20 个中心城市的前 5 位，表明这 5 个城市的专利产出绩效最突出，同时这 5 个城市的技术效率指数和技术进步指数均大于1,纯技术效率变化指数也均大于1,而上海、西安、重庆3个中心城市的规模效率变化指数小于1,一方面说明这3个中心城市由规模效率变化引起的专利产出绩效呈现下降趋势,另一方面也说明这些地区的专利产出绩效已到达了规模效应递减的倒U形曲线的右方。总体来看,中心城市在专利产出绩效方面存在一定的差异,且北京、上海这样在后续创新合作网络研究中被证实作为我国中心城市专利合作网络核心的城市大多具有较高的专利产出绩效,但不同的是,深圳在专利产出绩效方面的表现弱于杭州,这其中的一个解释可能是由于深圳在高校、科研院所专利申请量方面与北京、上海存在较大的差距。

**表 3 – 2 我国 20 个中心城市 DEA – Malmquist 专利产出
绩效指数及其分解值**

中心城市	effch	techch	pech	sech	tfpch
北京	1.101	1.245	1.082	1.017	1.371
上海	1.018	1.213	1.022	0.996	1.235
西安	1.037	1.191	1.065	0.973	1.235
武汉	1.020	1.205	1.012	1.008	1.230
重庆	1.014	1.178	1.038	0.977	1.195
天津	1	1.188	1	1	1.188
长沙	0.940	1.228	0.958	0.982	1.154
成都	0.967	1.190	1.007	0.960	1.15
大连	0.978	1.174	1.033	0.947	1.148
宁波	0.972	1.176	0.982	0.990	1.143
哈尔滨	0.960	1.187	0.955	1.005	1.139
杭州	0.947	1.201	0.979	0.967	1.137
深圳	0.943	1.201	0.992	0.950	1.132
青岛	0.958	1.174	0.943	1.016	1.125

中心城市	*effch*	*techch*	*pech*	*sech*	*tfpch*
长春	0.925	1.213	1.083	0.854	1.122
济南	0.951	1.171	0.934	1.018	1.113
广州	0.949	1.171	0.942	1.007	1.111
南京	0.942	1.170	0.992	0.95	1.102
沈阳	0.875	1.198	0.865	1.012	1.049
厦门	0.864	1.186	0.87	0.993	1.025
平均	0.967	1.193	0.986	0.980	1.153

第三节　基于空间计量的专利产出绩效分析

本书在对我国 20 个中心城市专利产出绩效的成因进行空间计量分析的过程中，首先对影响专利产出绩效的各种因素进行深入分析，遴选合适的指标构建指标体系。具体如下：一是专利产出绩效（I），本书将专利申请量作为中心城市专利产出绩效指标；二是人力资本投入（$X1$），科技创新与中心城市的人力资本数量或人力资本积蓄具有密切的关系，一般认为，科技人员数量与当地的科技创新产出具有较为明显的正相关关系，因此，本书采用科技人员数量作为衡量中心城市人力资本的指标；三是研究与发展（R&D）人员投入（$X2$），R&D 人员是科技创新活动的重要推动力量，因此，本书选择研究与发展（R&D）人员折合全时当量来衡量该指标；四是研究与发展（R&D）经费支出（$X3$），研究与发展（R&D）经费支出是衡量中心城市科研投入的重要指标，然而，由于不同地区经济发展的不均衡性，单纯地使用该指标并不能体现中心城市的科研投入力量，因此，本书采用 R&D 经费支出占中心城市地区生产总值的比重来衡量该指标。

一 城市专利产出绩效的空间自相关检验

由于本书是基于城市层面的空间计量分析研究，其地理位置具有明显的不相邻性，为了检验数据是否具有空间依赖性和空间异质性，本书采用空间辐射法，以 20 个中心城市为辐射点，以省域单元为辐射面，构建省域空间辐射单元，对我国 20 个中心城市进行空间关联分析，分析结果显示，2000～2013 年我国 20 个中心城市的 Moran's I 的指数为 0.1755，P 值为 0.0001，正态统计的 z 值为 3.62，大于正态分布函数在 0.01 下的临界值（1.96），说明我国 20 个中心城市的专利数在空间分布上具有明显的正自相关关系，也就是说具有正的空间依赖性，这表明我国 20 个中心城市的专利产出绩效并非表现出完全的随机状态，而是表现出相似值之间的空间集群效应。因此，在对我国 20 个中心城市专利产出绩效进行分析时有必要将其纳入空间计量模型。

二 城市专利产出绩效的空间计量结果分析

以知识生产函数为理论基础，以中心城市专利申请量代表专利产出绩效指标（I），并作为被解释变量；以人力资本投入（$X1$）、研究与发展（R&D）人员投入（$X2$）、研究与发展（R&D）经费支出（$X3$）作为被解释变量，构建如下的双对数线性的知识生产函数模型：

$$LnI_{it} = \alpha + \beta_1 LnX1_{it} + \beta_2 LnX2_{it} + \beta_3 LnX3_{it} + \varepsilon_{it} \qquad (3-19)$$

式（3-19）中：$i = 1, 2, \cdots, 20$ 为中心城市数量，t 为年份，β 为回归系数，ε 为随机误差项。

通过 Moran's I 检验可知，我国 20 个中心城市专利产出绩效具有一定的空间自相关性，因此可以进行空间自相关分析。以式

（3－19）为模型，本书首先进行了普通最小二乘法（OLS）回归、空间滞后回归和空间误差回归，回归结果如表3－3、表3－4所示。

表 3－3　我国 20 个中心城市专利产出绩效 OLS 回归结果

变量	相关系数	标准误	t 统计量	P 值
CONSTANT	2.995848	3.511455	0.853164	0.40901
LnX1	0.642609	0.257337	2.497144	0.02673
LnX2	－0.015158	0.251502	－0.457882	0.65460
LnX3	0.486163	0.410599	1.184032	0.05760
R－squared	0.584336			
Adjusted R－squared	0.488414			
F	6.09176			
Prob（F－statistic）	0.008078			
AIC	28.9548			
LogL	－10.4774			
SC	32.2877			

从表3－3回归结果可以看出，我国专利产出绩效函数的拟合优度为0.584336，调整后的拟和优度为0.488414，F值为6.09176，且F统计量的伴随概率为0.008，整体上通过1%的显著性检验。从回归系数来看，LnX1、LnX3的回归系数大于0，而LnX2的回归系数小于0，说明我国中心城市专利产出绩效与人力资本投入、研究与发展经费支出呈正相关关系，和研究与发展人员投入呈现较弱的负相关关系。从参数的t统计概率可以看出，只有LnX1的t统计概率值小于0.05，常数项、LnX2、LnX3的t统计概率值均大于0.05，表示其在5%的显著性水平上不显著。

表 3 - 4　我国 20 个中心城市专利产出绩效的空间计量回归结果

变量	SLM				SEM			
	相关系数	标准误	t 统计量	P 值	相关系数	标准误	t 统计量	P 值
CONSTANT	- 1.671	0.200	1.559	0.119	1.799	2.781	0.647	0.518
LnX1	0.729	3.771	- 0.443	0.658	0.729	0.206	3.547	0.000
LnX2	- 0.025	0.210	3.477	0.001	- 0.076	0.214	- 0.354	0.723
LnX3	0.232	0.210	- 0.117	0.907	0.197	0.355	0.553	0.580
λ	2.312	0.20	1.55	0.119	0.312	0.227	1.37	0.171
统计检验	DF	Value	P		DF	Value	P	
R - squared		0.641				0.621		
LogL		- 9.593				- 10.047		
LR	1	1.7675			1	0.8594		
AIC		27.187				28.095		
SC		30.353				31.428		

从表 3 - 4 回归结果可以看出，空间滞后模型 SLM 中的拟合优度为 0.641，大于 OLS 的 0.5843 和空间误差模型 SEM 的 0.621。SLM 中的 LogL 为 - 9.593，大于 OLS 中的 - 10.4774 和 SEM 的 - 10.047。SLM 中的 AIC 和 SC 检验值分别为 27.187 和 30.353，小于 OLS（28.9548 和 32.2877）和 SEM（28.095 和 31.428）。因此，可以认为空间滞后模型比普通最小二乘法回归和空间误差模型的模拟效果好。

从空间滞后模型的分析结果来看，在 1% 的显著性水平下，ρ/λ 值为 0.344，这意味着我国 20 个中心城市专利产出绩效存在较为明显的空间自相关性，即在全局空间内，邻近的中心城市的专利产出绩效表现出较为显著的相似性。

SLM 模型和 SEM 模型的 LnX1 系数都为 0.729，说明人力资本特别是科技人员是中心城市专利产出绩效提升的主要驱动因子，又可称为核心驱动因子，这点与本书的预期观点一致。SLM 模型和 SEM 模型的 LnX3 的系数分别为 0.232 和 0.197，这表明研究与发展（R&D）经费支出对中心城市的专利产出绩效具有一定的影响，对于研究与发展（R&D）经费支出占地区生产总值比重较小的城市，研究与发展经费支出对专利产出绩效也有较强的促进作用，这是由于受生产可能性曲线和边际替代率递减规律的影响，在增加科研与技术资本后，且在产品总量不变的条件下，其可替代相应的劳动力投入。同时，受边际替代率递减规律的影响，在边际成本尚未达到零时，增加一单位资本技术投入所带来的收益是递增的。SLM 模型和 SEM 模型的 LnX2 系数都为负数，这表明在短期内研究与发展人员投入对专利产出绩效的影响较小，这与人们的一般认识存在差别，也与本书的预期不符。一个解释是在短期内，科技与发展人员的研究成果尚无法形成有效的生产力，另一个解释可能是受城市间研究与发展人员投入不均衡以及在短期内研究与发展人员对专利产出绩效的作用还没有显现影响，研究与发展人员投入或许不适用于解释存在滞后性的专利产出绩效水平，对其产生的深层次原因需要做更进一步的研究。

第四节　本章小结

本部分在规模效应可变的前提下，依据全要素生产率的分析框架构建了 20 个中心城市的 DEA - Malmquist 专利产出绩效指数，分别考察了 2000～2013 年我国 20 个中心城市的 DEA - Malmquist 专利产出绩效指数及 20 个中心城市的综合 DEA - Malmquist 专利产出绩效指数分解值。在此基础上，以知识生产函数为理论基础，采用计量经济模型和定量分析方法，对我国 20 个中心城市的专利产出绩效进行了综合考察，得到如下的研究结论。

第一，我国 20 个中心城市的专利产出绩效在 14 年间虽然有一定幅度的波动，但总体呈现出上升趋势，这种上升趋势主要来自技术效率、规模效率和技术进步的共同作用。从 DEA – Malmquist 专利产出绩效指数分解值来看，这种上升趋势主要体现在技术进步指数上，而且技术效率指数和规模效率变化指数均小于 1，并呈现出下降趋势，说明我国 20 个中心城市的专利产出绩效呈现出较强的溢出效应，这种溢出效应为我国中心城市专利合作网络的形成奠定了基础。同时，规模效率水平相对较低，与专利成果转化难、专利泡沫等问题具有直接关联。

第二，从城市间 DEA – Malmquist 专利产出绩效指数分析结果来看，北京、上海、武汉、西安、重庆 5 个中心城市的 DEA – Malmquist 专利产出绩效指数值分别为 1.371、1.235、1.235、1.230、1.195，列 20 个中心城市 DEA – Malmquist 专利产出绩效指数值的前 5 位，表明这 5 个中心城市的专利产出绩效较高，科技创新能力明显增强。而沈阳、厦门 2 个城市的 DEA – Malmquist 专利产出绩效指数值仅为 1.049 和 1.025，表明其专利产出绩效相对较低，同时也说明中心城市专利产出绩效存在一定的不均衡性。从总体来看，专利产出绩效较高的中心城市仍集中在东部地区，但随着时间的推移，中西部地区中心城市的专利产出绩效也在不断增加。

第三，中心城市在专利产出绩效方面存在一定的甚至是较大的差距，且北京、上海这样在后续创新合作网络研究中被证实作为我国中心城市专利合作网络核心的城市均具有较高的专利产出绩效，但不同的是，深圳在专利产出绩效方面的表现甚至弱于杭州，这其中的一个解释可能是深圳在高校、科研院所专利申请量方面与北京、上海存在较大的不同和差距，但这并不影响深圳成为我国中心城市专利合作网络核心城市的事实。

第四，相对于经典的最小二乘法回归，空间计量经济学模型特别是空间滞后模型得出的中心城市专利产出绩效形成机制的研究结果更符合客观实际，其分析结果具有较强的科学性。研究结果表明，在区域尺度上，相近的中心城市具有较高的空间相关性，因此，在进行空间区域创新及专利产出绩效分析，尤其是本书后续有关中心城市专利合作网络的分析研究时，应将空间因素考虑进去。

第五，从中心城市专利产出绩效的空间计量分析结果来看，人力资本及科研投入对专利产出绩效的影响较大。因此，政府及科技部门应努力增加科研人员数量，加强对科研人员的培育，提高中心城市经济发展中的科技储备和科技含量。同时，研究与发展经费支出对专利产出绩效具有比较明显的促进作用。因此，应着力增加研究与发展经费支出，提高研发投入支出占比，提升科技创新的质量和水平，以科技创新推动中心城市在关键性、战略性技术领域占据制高点。

第四章
辐射效应下的中心城市
专利合作及其影响因素分析

第三章的研究表明，我国中心城市专利产出绩效总体呈现上升趋势，并且呈现出较强的溢出效应。同时，中心城市专利产出绩效存在一定的不均衡性，专利产出绩效较高的中心城市仍主要集中在东部地区，但中西部地区中心城市的专利产出绩效也在不断增加。因此，在绩效不均衡和城际溢出的背景下，各中心城市专利创新的特征如何、相互之间会产生怎样的辐射效应、各自的辐射方向如何，以及影响因素在哪里，需要有进一步的研究分析。

本部分的具体内容安排如下。

第一节，目前各中心城市专利创新总量规模以及结构组成情况，各中心城市的公开发明、实用新型和外观设计专利构成是否具有一定的基本规律或特征，常用的评价职务申请指标是否能够全面说明中心城市专利创新的特征。

第二节，在不同专利创新总量规模和结构组成的背景下，中心城市之间存在怎样的专利合作网络，我国当前是否形成了专利创新的集聚区，这些集聚城市之间以及对外合作的关系又是怎样的，即我国中心城市专利创新网络合作的基本格局问题。

第三节，通过引入负二项计数回归空间交互模型，构建了中心城市之间专利合作中的同组织矩阵和异组织矩阵，测算不同区域、不同城市之间专利创新同组织和异组织合作的频率矩阵，并对相关结果进行检验。

第四节，首先引入和构建城市专利创新辐射总距离模型，提出了综合意义上的交通运行时间，突出城市间的时空距离概念，分析城市专利创新辐射距离等级特征，寻找合作的基本空间规律。

第五节，在第四节研究基础上，引入城市信息流概念，对中心城市信息流与专利创新辐射距离进行综合对比。

第六节，在第五节研究基础上，对不同区域内中心城市的专利创新辐射方向进行分析，进一步明确中心城市专利合作的网络。

第七节为本章小结。

第一节　中心城市专利申请的表征分析

一　中心城市专利申请的总量分析

近年来，我国 20 个中心城市专利申请总量不断增加，科技创新活动明显增多。图 4-1 是 2009~2013 年我国中心城市专利申请量对比，从图 4-1 可以看出，2009 年以来，国内中心城市专利申请量不断增加，其中北京、上海、深圳、杭州、天津、南京、宁波、重庆等城市专利申请量明显高于其他城市，表明这些城市的科技创新与进步明显领先于国内其他城市。长春、沈阳、哈尔滨和大连 4 个东北地区城市尤其是长春的专利申请量与其他中心城市相比明显较低，这与东北地区重工业发展转型缓慢、新兴产业发展滞后有一定的关系。而宁波专利申请量出乎预期的高，在很大程度上与其以消费品工业为主的产业结构有着密切的关系①。2009~2013 年，我国 20 个中心城市专

---

① 宁波市专利申请量在全国排第 2 位与其发达的轻工业尤其是消费品工业有直接关联，同时，宁波市近年来建立了大量研发创新平台，截至 2014 年年底，宁波市共有企业研究院 56 家、省级高新技术企业研究开发中心 284 家、国家认定企业技术中心 8 家、国家级创新型试点和创新型企业 15 家、国家火炬计划重点高新技术企业 60 家、科技部国际科技合作基地 8 家。资料来源：《2014 年宁波市国民经济和社会发展统计公报》。

利申请总量达到 289.3 万件，发明专利申请量达到 143.31 万件，分别占全国专利申请总量和发明专利申请总量的 38.9% 和 43.4%。

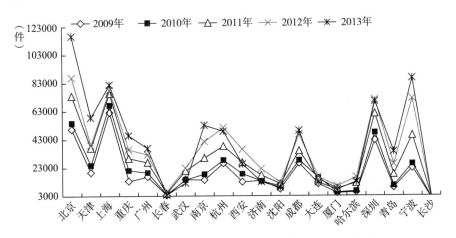

图 4 - 1 2009 ~ 2013 年我国 20 个中心城市专利申请量对比

二 中心城市专利申请的结构分析

2009 ~ 2013 年，我国 20 个中心城市发明专利申请量占专利申请总量的 49.5%，实用新型专利量占专利申请总量的 37.81%，低于发明专利。而外观设计专利量仅占专利申请总量的 12.69%。表 4 - 1 给出了 2012 年和 2013 年 20 个中心城市专利申请量及申请结构，从表 4 - 1 中可以看出，在申请规模效应的驱使下，北京、上海、宁波、深圳、天津等中心城市的专利申请量在各中心城市中的排名均较靠前，但其专利结构不平稳的现象也较为突出，如 2013 年北京市外观设计专利列 20 个中心城市第 18 位，实用新型专利列中心城市第 6 位，2012 年北京市发明专利总量列 20 个中心城市第 2 位，实用新型和外观设计专利在中心城市中的排名均较为靠后。2012 年和 2013 年，宁波市实用新型专利占当年专利申请量的比重较其他中心城市占比均较为靠前，而发明专利占比两年均列中心城市末位，说明城市间专利申请的侧重点显著不同。

表 4 - 1　我国 20 个中心城市专利申请量及专利申请结构

单位：件，%

城市	2013 年								城市	2012 年							
	申请量		发明		实用新型		外观设计			申请量		发明		实用新型		外观设计	
	总数	排名	比重	排名	比重	排名	比重	排名		总数	排名	比重	排名	比重	排名	比重	排名
北京	116245	1	54.74	9	38.82	6	6.45	18	北京	86920	1	56.81	2	35.63	17	7.57	18
宁波	86378	2	10.24	20	44.97	2	44.79	16	上海	78045	2	44.76	4	40.25	9	14.99	13
上海	81930	3	45.25	10	41.30	5	13.45	11	宁波	71902	3	9.84	20	38.58	12	51.58	1
深圳	69833	4	44.87	11	27.36	3	27.77	8	深圳	70921	4	42.77	7	32.28	19	24.96	7
天津	58560	5	35.89	14	56.24	9	7.87	4	杭州	51269	5	22.23	19	47.55	7	30.21	5
南京	53024	6	37.46	13	31.94	16	30.59	12	成都	46439	6	24.05	18	38.67	11	37.28	2
成都	49106	7	30.51	17	35.14	14	34.35	10	南京	41436	7	38.07	10	26.73	20	35.20	3
杭州	48685	8	27.45	18	36.05	10	36.50	6	天津	38950	8	32.57	13	54.24	5	13.19	14
重庆	45794	9	25.55	19	51.15	7	23.30	2	西安	35906	9	39.88	8	37.37	16	22.75	8
广州	36745	10	31.79	16	33.92	19	34.29	20	重庆	35858	10	28.12	16	51.95	5	19.93	10
青岛	34295	11	86.22	3	6.12	18	7.66	14	广州	32356	11	29.44	15	35.37	18	35.20	4
西安	25463	12	90.54	2	4.16	15	5.31	13	青岛	25479	12	44.41	5	38.08	14	17.51	11
济南	12804	13	85.21	4	6.00	8	8.79	3	武汉	22727	13	33.00	13	56.88	2	10.12	16
哈尔滨	12786	14	63.01	8	16.39	20	20.60	19	济南	22135	14	37.09	11	56.91	1	6.00	19
大连	12283	15	92.53	1	2.13	11	5.33	5	大连	16222	15	58.97	1	37.50	15	3.53	20
武汉	12080	16	75.75	7	9.61	13	14.64	9	哈尔滨	16018	16	34.84	12	38.19	13	26.97	6
沈阳	8795	17	81.44	5	7.86	12	10.70	7	沈阳	12226	17	44.28	6	39.18	10	16.54	12
厦门	7382	18	38.86	12	29.76	17	31.37	17	厦门	9641	18	25.08	17	52.75	4	22.17	9
长春	3793	19	81.02	6	6.25	4	12.73	1	长春	5659	19	47.29	3	43.63	8	9.08	17
长沙	2901	20	33.23	15	57.98	1	8.79	15	长沙	2605	20	39.27	9	50.24	6	10.48	15

三　专利职务申请和非职务申请结构比较

2013 年，我国主要中心城市（由于长沙数据缺失，在此不做分析）平均职务申请量为 37297 件，从表 4 - 2 的排名来看，北京、上海、宁波、深圳、天津、杭州、成都、西安、青岛等城市的专利职务申请量均高于平均值。从专利职务申请量①占当年职务与非职务专利申请总量的比重来看，2013 年的平均值为 76.77%，2012 年的平均值为 75.81%。由于统计公布的问题，2012 年和 2013 年两年之间，各中心城市存在较大差异，如 2012 年宁波市专利职务申请量占比仅为 63.1%，而到 2013 年，这一占比迅速提高到 87.3%，济南也存在类似现象，而西安的专利职务申请量则从 2012 年的 90.5% 骤降到 2013 年的 62.2%。但从基本规律来看，北京、上海、青岛等中心城市的专利职务申请量占比稳定在较高水平，均保持在 80% 以上，而重庆、广州、哈尔滨和成都等中心城市的专利职务申请量占比普遍偏低。理论上，专利职务申请量占比较高，一方面表明其专利创新的质量较高，另一方面也表明这些城市的非职务专利申请人或民间创新力量比较薄弱，这一问题仍将是一个值得探究的方向，尤其在"大众创业、万众创新"背景下，如何激发民间或大众创新活力是一个值得探究的问题。

表 4-2　我国中心城市专利职务申请量及占比

单位：件，%

排序	2013 年			2012 年		
	城市	专利职务申请量	占比	城市	专利职务申请量	占比
1	南京	34302	94.7	西安	33467	90.5
2	宁波	61732	87.3	上海	73663	89.1

① 2009 年 10 月 1 日起施行的《中华人民共和国专利法》明确提出，职务发明改造是指执行本单位的任务或主要是利用本单位的物质技术条件所完成的发明创造，职务发明创造申请专利的权利属于该单位，申请被批准后，该单位为专利权人；非职务发明改造，是指申请专利的权利属于发明人或设计人，申请被批准后，该发明人或设计人为专利权人。

续表

排序	2013 年			2012 年		
	城市	专利职务申请量	占比	城市	专利职务申请量	占比
3	北京	106321	86.2	北京	78295	84.8
4	上海	75514	85.6	厦门	8311	83.4
5	大连	14872	83.8	天津	33231	81
6	青岛	38354	80.6	青岛	21679	80.3
7	沈阳	7991	78.9	深圳	55606	76
8	武汉	18740	77.4	长春	4676	75.9
9	济南	13355	77.1	**杭州**	**40430**	**75**
10	**杭州**	**46925**	**75.9**	沈阳	9195	71.3
11	长春	5399	74.1	成都	34021	69.6
12	成都	45979	73	哈尔滨	11737	68.9
13	厦门	9353	72.7	武汉	16276	67.5
14	哈尔滨	15594	69.6	大连	12269	67.5
15	深圳	58658	68.4	南京	27672	64.7
16	天津	52162	63.4	广州	21254	63.6
17	西安	44603	62.2	宁波	46481	63.1
18	广州	25235	60.6	重庆	20997	53.94
19	重庆	33550	59.1	济南	11703	50.6
平均值		37297	76.77		29524	75.81

注：黑色字体表示不同年份职务申请量占比的平均水平城市。

资料来源：国家专利信息网，http://www.sipo.gov.cn/tjxx/。

（1）中心城市职务发明专利的机构分析。从 2013 年我国中心城市职务发明专利的申请机构来看（见表 4 - 3），北京、天津、上海、重庆、广州 5 个城市的职务发明专利申请量列 19 个中心城市（由于国家知识产权局统计年报仅公布了 4 个直辖市和 15 个副省级城市相关数据，故此部分不包含长沙，下同）的前 5 位，厦门、哈尔滨、深圳、青岛、宁波 5 个城市的职务发明专利申请量列 19 个中心城市的后 5 位，其中，2013 年北京的职务发明专利申请量是宁波的 23.98

倍，城市间职务发明专利申请量差距巨大。大部分城市的企业发明专利占职务发明专利申请量的比重较大，说明企业是发明专利创新的主力军，如上海的企业专利发明量占职务发明专利申请量的 93.6%，厦门、重庆两个城市的企业专利发明量占城市职务发明专利申请量的83.7%，长春的企业专利发明量占职务发明专利申请量的 77.8%。同时，可以看出，上海、重庆、厦门等城市的高校和科研单位在职务发明专利申请量中所占的比重较低，如上海高校的发明专利占城市职务发明专利申请量的 2.1%，科研单位仅占 3.7%；重庆的高校发明专利占城市职务发明专利申请量的 7.7%，科研单位仅占 6.7%；厦门的高校发明专利占城市职务发明专利申请量的 10.8%，科研单位仅占5%，说明在这些城市中高校和科研单位的专利申请主要集中在实用新型专利及外观设计专利方面。高校的职务发明专利所占比重较大的城市主要有杭州、武汉、成都三个城市，如杭州高校的发明专利占城市职务发明专利申请量的比重达到 43.2%，武汉的这一比重达到45.9%，成都的这一比重达到 48.3%，说明这些城市的高校专利申请量主要集中在发明专利上。从表 4-3 可以看出，机关团体在城市职务发明专利申请量中所占的比重较小，除济南、大连及哈尔滨超过3% 以外，其他城市均在 3% 及以下，说明机关团体不是城市职务发明专利的主要力量，因此，其不应作为未来政策扶持的重点。

表 4-3　2013 年中心城市职务发明专利的主要机构分析

单位：件，%

排序	城市	职务发明专利申请量	高校	占比	科研单位	占比	企业	占比	机关团体	占比
1	北京	62671	11179	17.80	9799	15.60	40961	65.40	732	1.20
2	天津	35789	7483	20.90	3025	8.50	24363	68.10	918	2.60
3	上海	29682	626	2.10	1101	3.70	27788	93.60	167	0.60

排序	城市	职务发明专利申请量	高校	占比	科研单位	占比	企业	占比	机关团体	占比
4	重庆	26961	2068	7.70	1818	6.70	22562	83.70	513	1.90
5	广州	22889	5336	23.30	1688	7.40	15811	69.10	54	0.20
6	长春	21249	3499	16.50	843	4.00	16536	77.80	371	1.70
7	武汉	16569	7600	45.90	1011	6.10	7591	45.80	367	2.20
8	南京	14540	3523	24.20	877	6.00	9940	68.40	200	1.40
9	杭州	12932	5584	43.20	468	3.60	6765	52.30	115	0.90
10	西安	10603	3254	30.70	1483	14.00	5545	52.30	321	3.00
11	济南	9496	1904	20.10	781	8.20	6334	66.70	477	5.00
12	沈阳	8874	3458	39.00	715	8.10	4582	51.60	119	1.30
13	成都	8224	3975	48.30	470	5.70	3773	45.90	6	0.10
14	大连	8203	1880	22.92	548	6.68	5479	66.79	296	3.61
15	厦门	7218	783	10.80	363	5.00	6043	83.70	29	0.40
16	哈尔滨	6498	1687	26.00	689	10.60	3918	60.30	204	3.10
17	深圳	4599	1561	33.90	682	14.80	2331	50.70	25	0.50
18	青岛	2896	1410	48.70	716	24.70	754	26.00	16	0.60
19	宁波	2613	692	26.48	127	4.90	1786	68.40	8	0.30

资料来源：国家专利信息网，http://www.sipo.gov.cn/tjxx/。

在有关中心城市职务发明专利主要申请结构的分析结果中，有两个问题值得注意，一是高校作为科技资源高度汇集的地方，理应在发明专利方面形成更多成果，但从实际情况来看，高校的发明专利在各类申请主体中所占比重远没有想象中高，且与企业占比存在很大差距，这背后的原因可能是多方面的，但本书认为高校专利申请及科研考评机制的设计是不容忽视的因素，事实上这就是一个顶层设计和制度安排的问题。同时，近年来大量"学生专利"的出现也可能会产生一定影响。二是企业发明专利占比较高可能更多的是出于市场竞争因素的考虑，发明专利有助于企业形成技术壁垒，尤其是上海的职务发明专利中企业专利贡献（包括外资企业）的占比达到了 93.60%，这有助于上海企业技术竞争壁垒和技术溢出效应的形成。

（2）中心城市职务实用新型专利的机构分析。从 2013 年我国中心城市职务实用新型专利的申请机构来看（见表 4-4），北京、上海、天津、宁波、西安 5 个城市的职务实用新型专利申请量列 19 个中心城市的前 5 位，哈尔滨、厦门、大连、沈阳、长春 5 个城市的职务实用新型专利申请量列 19 个中心城市的后 5 位，其中北京市的职务实用新型专利申请量是长春市的 16.6 倍，城市间职务实用新型专利申请量的差距较大。同时可以看出，企业是中心城市职务实用新型专利申请的主要力量（见表 4-4），企业职务实用新型专利申请量占各中心城市职务实用新型专利申请量的比重基本在 50% 以上，天津、宁波、深圳、厦门的企业职务实用新型专利申请量占城市职务实用新型专利申请量的比重均在 90% 以上，企业职务实用新型专利申请量占城市职务实用新型专利申请最低的为哈尔滨，但该比重也达到 49.2%。同样可以看出，高校和科研单位在中心城市职务实用新型专利申请中所占的比重也较低，如北京高校的职务实用新型专利占城市职务实用新型专利的比重仅为 4.6%，科研单位的职务实用新型专利占城市职务实用新型专利的比重仅为 6.3%，高校职务实用新型专利占城市职务实用新型专利的比重较大的城市为哈尔滨、长春、大连，如哈尔滨的这一比重达到 44.7%，长春、大连的为 38% 和 34.2%。机关团体在职务实用新型专利申请中所占的比重也较小，在比重较大的重庆市，这一指标也仅为 6%，其余的如宁波、西安、哈尔滨、厦门、大连等城市的机关团体职务实用新型专利申请量占该城市职务实用新型专利申请量的比重不足 1%。

表 4 - 4　2013 年中心城市职务实用新型专利的主要机构分析

单位：件,%

排序	城市	职务实用新型专利申请量	高校	占比	科研单位	占比	企业	占比	机关团体	占比
1	北京	37837	1724	4.60	2382	6.30	33190	87.70	541	1.4
2	上海	31524	2866	9.10	1010	3.20	26500	84.10	1148	3.6
3	天津	27868	1156	4.10	551	2.00	25807	92.60	354	1.3
4	宁波	21606	1262	5.80	94	0.40	20147	93.20	103	0.5
5	西安	20901	2517	12.00	916	4.40	17368	83.10	100	0.5
6	深圳	20080	242	1.20	177	0.90	19372	96.50	289	1.4
7	杭州	18830	4111	21.80	335	1.80	14018	74.40	366	1.9
8	成都	18072	1398	7.70	526	2.90	15804	87.50	344	1.9
9	重庆	16506	1307	7.90	346	2.10	13865	84.00	988	6
10	南京	11549	3079	26.70	394	3.40	7644	66.20	432	3.7
11	广州	10152	1144	11.30	712	7.00	7918	78.00	378	3.7
12	青岛	9002	1958	21.80	195	2.20	6369	70.80	480	5.3
13	武汉	8517	1185	13.90	390	4.60	6833	80.20	109	1.3
14	济南	6167	1006	16.30	310	5.00	4628	75.00	223	3.6
15	哈尔滨	5807	2594	44.70	334	5.80	2855	49.20	24	0.4
16	厦门	5058	215	4.30	24	0.50	4786	94.60	33	0.7
17	大连	4895	1673	34.20	57	1.20	3134	64.00	31	0.6
18	沈阳	2976	539	18.10	374	12.60	2029	68.20	34	1.1
19	长春	2273	863	38.00	158	7.00	1227	54.00	25	1.1

资料来源：国家专利信息网，http://www.sipo.gov.cn/tjxx/。

（3）中心城市职务外观设计专利申请的机构分析。从 2013 年我国中心城市职务外观设计专利的申请机构来看，宁波、杭州、成都、深圳、重庆 5 个中心城市职务外观设计专利申请量列 19 个中心城市前5位，西安、济南、大连、沈阳、长春5个城市职务外观设计专利申请量列19个中心城市后5位（见表4-5），其中，宁波的职务外观设计专利申请量是长春的143倍。除哈尔滨、大连、南京等城市外，其他城市的高校职务外观设计专利申请占比较小，科研单位和机关团体职务外观设计专利占比更小，除南京的科研单位职务外观设计专利占城市职务外观设计专利的6.4%外，其他城市的科研单位职务外观设计专利占该城市职务外观设计专利申请量的比重均在4%以下，大多数城市在1%以下，而机关团体职务外观设计专利占城市的职务外观设计专利申请量的比重更低。企业职务外观设计专利在城市职务外观设计专利申请量中占绝对优势，深圳、厦门、宁波、成都、青岛、济南、北京、上海、重庆、广州、长春等城市的企业外观设计专利申请量占城市职务外观设计的比重均在90%以上，远高于其余城市。

表4-5　2013年中心城市职务外观设计专利的主要机构分析

单位：件，%

排序	城市	职务外观设计专利申请量	高校	占比	科研单位	占比	企业	占比	机关团体	占比
1	宁波	32908	179	0.50	6	0.00	32722	99.40	1	0.00
2	杭州	15163	2415	15.90	9	0.10	12080	79.70	659	4.30
3	成都	13367	115	0.90	9	0.10	13076	97.80	167	1.20
4	深圳	8896	6	0.10	9	0.10	8874	99.80	7	0.10
5	重庆	8841	498	5.60	11	0.10	8245	93.30	87	1.00
6	上海	8201	355	4.30	41	0.50	7778	94.80	27	0.30
7	南京	6184	1428	23.10	397	6.40	4309	69.70	50	0.80
8	北京	5813	125	2.20	106	1.80	5547	95.40	35	0.60
9	广州	4480	316	7.10	25	0.60	4119	91.90	20	0.40
10	天津	3045	600	19.70	36	1.20	2403	78.90	6	0.20

续表

排序	城市	职务外观设计专利申请量	高校	占比	科研单位	占比	企业	占比	机关团体	占比
11	青岛	2391	7	0.30	86	3.60	2297	96.10	1	0.00
12	厦门	1682	6	0.40	0	0.00	1675	99.60	1	0.10
13	哈尔滨	1563	710	45.40	21	1.30	831	53.20	1	0.10
14	武汉	1349	171	12.70	8	0.60	1167	86.50	3	0.20
15	西安	813	152	18.70	16	2.00	641	78.80	4	0.50
16	济南	690	22	3.20	3	0.40	663	96.10	2	0.30
17	大连	481	184	38.30	0	0.00	297	61.70	0	0.00
18	沈阳	416	90	21.60	8	1.90	312	75.00	6	1.40
19	长春	230	10	4.30	6	2.60	214	93.00	0	0.00

资料来源：国家专利信息网，http://www.sipo.gov.cn/tjxx/。

专利申请总量及专利申请结构是开展专利分析的重要手段，从中心城市专利申请量来看，北京、上海、深圳和宁波等中心城市在专利申请总量上明显要高于其他中心城市，但在申请结构上，并没有体现出非常明显的规律，而在职务申请和非职务申请结构方面，存在类似的问题。因此，就中心城市专利分析而言，仅仅开展表征性分析难以达到研究目的，必须从更广的角度分析和审视中心城市的专利创新，尤其是城市之间专利合作网络的问题。

第二节　中心城市间专利合作网络分析

通过国家知识产权局网站对我国20个中心城市（长沙数据可查）的专利合作数据进行检索，得到20个中心城市专利合作的矩阵表，将该矩阵表导入 UCINET 6.1 分析工具进行分析，并利用可视化分析工具

NetDraw 构建了我国 20 个中心城市专利合作网络（见图 4 - 2），网络图谱中共有 20 个节点，节点的大小代表每个城市与其他城市的专利合作数量，连线的粗细代表城市间的合作强度，箭头代表专利合作的方向。

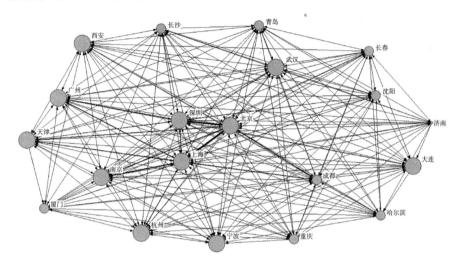

图 4 - 2　我国 20 个中心城市专利合作网络

从图 4 - 2 可以看出，我国 20 个中心城市之间的专利合作网络呈现出星状拓扑结构，上海、北京、深圳是中心城市乃至全国创新合作的发源地，也是我国城市专利创新活动的重要引擎。在可查源的 35916 件合作专利中，上海市贡献了 8118 件，合作专利贡献率高达 22.60%，紧随其后的是北京和深圳，分别为 19.36% 和 15.90%，上述三个城市累计达到 57.86%。也就是说，在我国中心城市专利合作中，接近 60% 的合作专利是与这三个城市直接相关的，而其后的南京（5.46%）、天津（4.67%）、广州（4.49%）与前述三个城市存在很大差距，这充分表明上海、北京和深圳已经全面成为我国区域创新合作的三大主体城市。此外，济南（0.99%）、长春（0.82%）、长沙（0.44%）的合作专利贡献率甚至不足 1%。

同时，值得注意的是，上海、北京和深圳三个城市之间的专利合作也是非常紧密的，上海与北京和深圳之间的专利合作分别高达 2113

件和 2074 件，北京与深圳之间的合作则相对较少，但也达到了 1460 件，也即是说，在 20 个中心城市之间的专利合作中，有 15.7% 是发生在这三个城市之间的。上海、北京、深圳之间已经形成了非常稳定的专利合作三角，同时又与其他城市相连接，形成覆盖其他城市的合作网络。图 4-2 充分说明了上海、北京、深圳三个城市的主导性和活跃性，也充分表现出三个城市的科技辐射力和影响力。

从地域分布来看，中部地区的长沙和东北地区的长春、沈阳、大连处于网络结构图的边缘位置。根据社会网络分析的思想，节点位置能反映行动者在技术合作网络中的影响力和活跃性。由图 4-2 可知，东部、中部、西部地区的中心城市在我国专利合作网络中分别居于不同的位置，东部地区的中心城市居于优势地位，具有较高的开放程度，并且在合作网络中表现得非常活跃。重庆、长沙、济南等城市则处于劣势地位，合作程度低、合作范围小，能够获取的外部资源极其有限。

从图 4-2 还可以看出，除北京与上海、北京与深圳、上海与深圳等处于网络中心的城市间合作密度较高外，其他如广州和深圳、南京和上海、成都和重庆等城市之间的合作密度也较高，这些城市具有较近的地理距离，说明地理距离对专利合作密度具有非常显著的影响，即地理距离越近则合作密度越高。从社会网络关系角度来看，北京、上海、深圳等地区经济及科研实力较为雄厚、外资企业较多，这也是三市间专利合作较多的重要因素。

此外，从 20 个中心城市专利合作的矩阵表和专利合作网络图还可以分析出各中心城市的主要知识溢出地。除了深圳、上海之外，北京对天津的创新溢出较多，北京与天津之间的专利合作达到了 725 件，此外，北京还与南京、青岛、成都、广州之间存在较为密切的专利合作关系。除了北京、深圳之外，上海对南京、广州的创新溢出也比较明显，上海与南京、广州之间的专利合作分别达到了 928 件和 495 件，同时，上海对宁波、武汉、杭州、青岛等城市的创新溢出也保持了比较均衡的状态。两个比较值得注意的问题是，西部地区两大科教中心西安和成都之间的专利合作非常少，仅为 28 件，同时，深圳与广州两个城市之间的合作并不如想象中多，"深圳 + 广州"之间的合作甚至不及"深圳 + 西安"之间的合作。

　　为充分体现中心城市专利合作的网络特征，本书在研究中应用 NetDraw 软件对中心城市专利合作进行了空间网络分析，但由于这一软件存在先天性的缺陷，即无法从空间地理的角度直观地反映中心城市之间的专利合作网络特征。因此，本书在相关数据统计和分析的基础上，利用 CorelDraw12.0 软件绘制了我国 20 个中心城市专利合作网络空间示意图，以便更加直观、更加深入地分析城市专利合作网络特征。从图 4 – 3 可以看出，我国 20 个中心城市的专利合作网络形成了

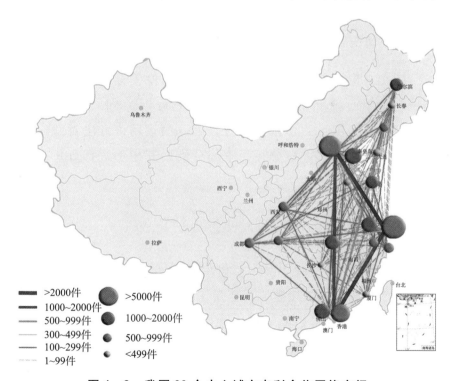

图 4 – 3　我国 20 个中心城市专利合作网络空间

"北京—上海—深圳"的比较稳定的三角形专利合作网络关系，这三个城市相对于其他中心城市具有非常明显的网络合作优势，其专利合作总量占 20 个中心城市专利合作总量的 58%，上海与北京、深圳之间的专利合作保持了比较均衡的状态。在此背景下，其他城市之间的专利合作网络呈现分散化格局，一些城市之间始终不存在专利合作，如重庆与哈尔滨、济南之间。

那么，形成上述格局的基础和影响因素是什么，各中心城市专利创新辐射距离以及辐射方向又是怎样的，这是下两节所要论述的内容。

第三节　基于负二项计数回归的空间交互模型

一　空间交互模型及数据来源

空间交互模型主要用于规模控制变量的检验分析，这一模型适于开展有关中心城市专利合作关系的研究分析。Scherngell（2010）在研究区域科研项目的合作关系时，第一次运用该方法对欧盟内部的主要科研合作关系进行分析，本部分借助其模型进行分析。模型如下：

$$F_{ij} = O_i^{\alpha_1} D_j^{\alpha_2} \exp\left[\sum_{k=1}^{k} \beta_k S_{ij}^{(k)} \right] + \varepsilon_{ij} \qquad (4-1)$$

其中，F_{ij} 为因变量，代表 i 地和 j 地之间的创新合作强度；$O_i^{\alpha_1}$ 和 $D_j^{\alpha_2}$ 是 i 地和 j 地的创新规模控制变量，α_1 和 α_2 为未知决定系数，且 $\alpha_1 = \alpha_2$；$S_{ij}^{(k)}$ 为模型设定的 k 种自变量，即影响两地间专利合作的 k 种影响因素；β_k 为模型未知的决定系数；ε_{ij} 为模型的残差项。

将 20 个中心城市的研发人员总数作为城市创新活动的规模控制变量，O_i 是城市 i 研发人员的总数，O_j 是城市 j 研发人员的总数。本

部分的控制变量 k 值为 5，$S_{ij}^{(1)}$ 为合作双方各自所在城市的距离变量，由于交通在两个城市间创新合作中起到重要作用，这里以两个城市间的交通运行时间来衡量；$S_{ij}^{(2)}$ 为两个城市之间的经济差异，通过计算两个城市之间的地区生产总值（GDP）之差的绝对值得到该数据；$S_{ij}^{(3)}$ 为沿海地区哑变量，若开展专利合作的两个城市中有 1 个或 2 个属于沿海地区，则赋值为 1，否则赋值为 0；$S_{ij}^{(4)}$ 为中部地区哑变量，若开展专利合作的两个城市中有 1 个或 2 个属于中部地区，则赋值为 1，否则赋值为 0；$S_{ij}^{(5)}$ 为两个中心城市技术距离变量，技术相似性也可能影响两地创新合作，若两个中心城市的技术专长或技术特长差异较大，如一个中心城市专注于传统制造业或消费品工业（如宁波），而另一个中心城市专注于高科技产业（如深圳），那么这两个中心城市与技术专长相似的中心城市相比合作的空间就小很多，这里用两个城市专利合作总数的差的绝对值来衡量。

在得到 20 个中心城市间专利合作数据的基础上，具体分析每个城市每一合作专利中的合作关系，分别计算同组织和异组织之间的合作次数，专利申请权人如果是两个同类型的组织，如大学与大学之间、公司与公司之间、研究机构与研究机构之间的合作则被视为同组织合作，大学、公司、研究机构三者之间的交互合作则被视为异组织合作。通过对同组织合作和异组织合作的数据统计，可得到同组织矩阵和异组织矩阵。根据合作专利及同组织合作、异组织合作的统计结果，计算同组织和异组织合作的城市间合作频率矩阵。检索的数据在 20 个城市间共产生 380 种排列结果，据此计算出城市间创新合作的总次数及 Salton 系数值，Salton 系数值是指矩阵中的某一个数值除以该值所处的行及所处的列的和的几何平均数得到的结果，Salton 系数值越高，中心城市间专利合作强度越高。

二　负二项计数回归分析

城市间专利合作数量作为因变量，该数据为计数数据。同时，由于城市间专利合作及同组织合作和异组织合作中有较多的数据为零，数据存在较高的离散程度。在对这种离散数据进行分析的过程中，可用的回归模型有泊松计数回归和负二项计数回归，由于泊松计数回归要求数据的均值和方差相等，而在对中心城市专利合作数据进行初步统计时发现所得到的均值和方差并不相等。因此，这里用负二项计数回归更加准确。通过对我国20个中心城市的创新合作总数、同组织创新合作、异组织创新合作进行负二项计数回归分析，结果表明，所得参数的P值均显著，数据的alpha均显著，说明数据存在一定的离散程度，三个负二项计数回归和各变量均通过统计学意义（p<0.1）的检验，因此适合采用负二项计数回归。

从表4-6可以看出，相距时间变量与城市专利合作具有负相关性，即随着两个城市间交通运行时间的增加，两个城市之间开展专利合作的可能性随之下降。经济差距与城市专利合作呈现正相关性，这与我们的一般认识有一定的差距，即一般认为两个城市间的经济差距越大，合作的可能性就越小。得到这个结果的原因可能在于：一是专利合作溢出效应和吸收效应，即两地间的经济发展差距越大，经济规模较小的城市就越可能自动地吸收经济规模较大的城市的专利溢出；二是所选的城市有4个直辖市、15个副省级城市和1个重点城市，这些城市在一定区域和范围内代表了当地专利合作的最高水平，因此，更有经济实力和科研实力来吸引消化其他城市的知识溢出。沿海区域变量和中部区域变量在三个负二项计数回归结果中均为正，说明一个或两个城市在该区域会使双方合作的可能性增大，而沿海区域变量的相关系数大于中部区域变量，也说明至少有一个为沿海城市的专利合作可能性大于双方至少有一个为中部城市的专利合作可能性，从另一方面也说明了我国专利创新的不均衡性（这也恰恰说明西部地区中心城市之间所存在的问题）。技术创新距离在总体城市专利合作、同组织专利合作和异组织专利合作模型中的回归系数均为负数，说明技术跨度起到负的作用，即城市间的技术相似程度越低，双方合作的可能性就越小。三个回归模型的规模控制变量系数均大于1，说明城市间的专利合作规模与合作强度存在较大的正相关关系，合作双方所在城市的科研人员越多，越有利于城市间专利合作的产生。

表4-6　我国20个中心城市专利合作负二项计数回归结果

变量	相关系数	标准误	P值
相距时间变量	-0621	0.035	0.000
经济差距	0.156	0.094	0.002
沿海区域变量	0.528	0.062	0.000
中部区域变量	0.323	0.111	0.005
技术创新距离	-0.183	0.609	0.001
规模控制变量	2.036	0.538	0.000
常数项	-12.520	1.425	0.000

从表4-7和表4-8我国20个中心城市的同组织和异组织专利合作负二项计数回归结果可以看出，相距时间变量系数均为负数，经济差距变量系数均为正数，其解释与前文总的专利合作一样。不同的是异组织对两个城市间的相距时间变量和经济差距变化的敏感度要高于同组织，也就是说，两个城市间的交通运行时间每增加1小时，异组织间产生专利合作的可能性要小于同组织间，经济差距大的两个城市间异组织合作的可能性要小于同组织的合作。同组织的沿海区域变量系数为0.706，异组织为0.342，前者约是后者的2倍，说明大学与大学之间、公司与公司之间、研究所与研究所之间的城市专利合作较多在沿海区域内或沿海地区与中西部地区的城市之间进行，而城市间的产学研合作较少受到这一因素的影响。中部区域变量在城市总体合作、同组织城市间专利合作、异组织城市间专利合作的回归系数均为正值，说明合作的城市中只要有1个城市

在中部地区就会促进合作发生，但发生的可能性要小于与沿海城市间的专利合作。

表 4 – 7　我国 20 个中心城市同组织专利合作负二项计数回归结果

变量	相关系数	标准误	P 值
相距时间变量	− 0. 461	0. 066	0. 000
经济差距	0. 065	0. 075	0. 000
沿海区域变量	0. 706	0. 452	0. 000
中部区域变量	0. 223	0. 095	0. 002
技术创新距离	− 0. 285	0. 547	0. 001
规模控制变量	1. 051	0. 035	0. 006
常数项	− 13. 509	1. 238	0. 002

表 4 – 8　我国 20 个中心城市异组织专利合作负二项计数回归结果

变量	相关系数	标准误	P 值
相距时间变量	− 0. 523	0. 039	0. 001
经济差距	0. 096	0. 634	0. 012
沿海区域变量	0. 342	0. 116	0. 001
中部区域变量	0. 323	0. 200	0. 000
技术创新距离	− 0. 166	0. 065	0. 000
规模控制变量	1. 742	0. 302	0. 033
常数项	− 13. 060	1. 361	0. 001

第四节　中心城市专利创新辐射距离等级特征研究

一　中心城市专利创新辐射距离定义

不同中心城市之间的专利创新辐射距离可以界定为：

$$L_{AB} = \frac{A \text{ 与 } B \text{ 合作申请专利数}}{A \text{ 城市跨城市合作申请专利总数}} \times A \text{ 与 } B \text{ 两城市间交通运行时间}$$

$$(4-2)$$

其中，L_{AB} 为权重距离；A 与 B 两个中心城市间地理距离用两个中心城市间交通运行时间①来表示，更能反映两个中心城市间专利合作的时空距离。假设与 A 城市合作申请专利的城市共有 n 个，则 A 城市的专利创新辐射距离：

$$L_A = \sum_{i=1}^{n} L_{Ai} \qquad (4-3)$$

L_{Ai} 为 A 城市和第 i 个城市间的专利合作总距离。由于存在与个别城市合作申请量只有 1 件或少数几件的现象，因此本书只选取合作申请数高于平均数的城市。其中，A 城市跨城市合作的平均专利数 = 跨区域合作专利总数/跨区域合作城市数。

二 中心城市专利创新辐射距离分析

基于空间辐射距离的定义，计算出 20 个中心城市专利创新辐射距离，如图 4-4 所示。从图 4-4 可以看出，各城市专利创新辐射距离与其跨城市合作数量并不成正比，1985~2013 年北京和上海的跨城市专利合作数量分别为 7743 件和 7146 件，但其辐射距离并不

---

① 客观而言，用交通时间或是运输成本等特殊的距离单位、距离概念来衡量两个城市之间的距离更为科学，在市场经济条件下，距离已经异化为一个货币成本和时间成本的组合概念。本书作者在 2012 年出版的《通道经济：区域经济发展的新兴模式》中提出了"通道宽度"的测算模型，综合考虑铁路、航空和公路三种不同运输模式，并对不同运输模式赋予不同权重，引入城市引力模型，对不同城市之间的通道宽度进行测算，通道宽度是一个无量纲指标。本书中有关城市交通运行时间的测算采用了这一方法，但由于与主要研究内容关联度不大，故在本书中不做具体展开。

是最远的。辐射距离最远的是重庆、厦门和成都，北京、上海、天津等东部城市辐射距离都比较小，说明其合作城市主要是分布在自身周围的城市，城市专利合作具有较为明显的"就近原则"。当然，这种结果是在上海、北京、深圳三个城市之外的一个研究结论。王缉慈（2005）的研究也表明，区域内行动主体之间的信息和知识循环在地理区位靠近的条件下得到改善，创新机会也在地理位置接近的情况下增加。

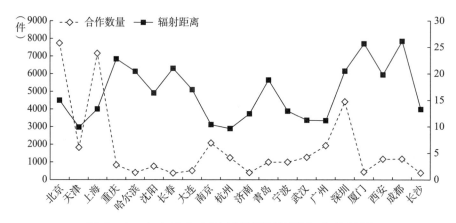

图4-4　中心城市专利创新辐射距离与合作数量

根据公式（4-2）和公式（4-3）的城市专利创新辐射距离计算方法，以 20 个中心城市为研究对象，构建中心城市专利创新辐射距离图。从图4-4中可以看出，中心城市专利合作辐射距离与其跨城市合作数量并不成正比。1990～2013 年，北京与上海之间的专利合作总量较高，分别为 7733 件和 7146 件，但其辐射距离同北京与广州、北京与深圳相比较小。辐射距离最大的城市是深圳和哈尔滨，但合作数量较少，因此可以看出，城市专利合作创新主要与其地理距离有较大的关联，地理距离也是影响城市专利合作的重要影响因素。

本书将每个中心城市跨区域合作专利数与目标城市的交通运行时

间①进行分类，交通运行时间主要分为 9 类：0～5h、5～10h、10～15h、15～20h、20～25h、25～30h、30～35h、35～40h、40h 以上。分别计算出 20 个中心城市在分距离段内专利合作数占该城市所有跨城市专利合作数的比重的平均值（本书将 5h 作为阈值单位，并不代表城市之间的实际交通运行时间为 5h 或 10h，主要是出于便于研究识别的原因），结果如图 4 – 5 所示。

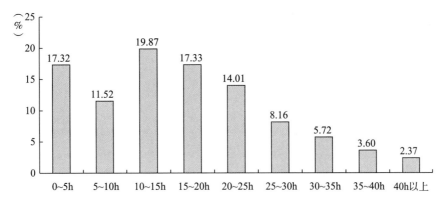

图 4 – 5　城市交通运行时间段跨城市专利合作数所占比例（5h 为阈值）

由图 4 – 5 可知，随着交通运行时间的增加，跨城市专利合作数

---

①　城市之间交通运行时间的测量是一个非常复杂的过程，必须充分考虑交通类别因素和时间阶段因素。所谓交通类别，即要综合考虑航空、铁路、公路等不同交通运输模式所花费的时间。同时，必须充分考虑到，从 1985 年到 2013 年近 30 年的时间内，我国交通运输格局发生了极大的改变，交通运输模式也发生了极大的改变，20 世纪 80 年代和 20 世纪 90 年代，公路交通和铁路交通是主要运输模式，而在进入 21 世纪的第一个 10 年中，航空运输成为城市之间往来的主要模式（尤其是针对创新要素往来而言），进入 2010 年以后，我国以高速铁路运输为主要客运模式的基本格局逐步形成。这对城市之间专利创新合作的开展影响是非常大的，本书的原始数据直接或间接地都体现出这一变化趋势，但这一问题并不是本书所要开展的研究。同时，信息网络建设对城市专利创新合作的开展会产生怎样的影响，在第五章中，本书将就城市专利创新辐射距离与城市信息流进行对比研究。

整体呈现下降的趋势，但在 5 ~ 10h 和 10 ~ 15h 内，分别出现了一个谷值和峰值。图 4 - 5 体现了城市专利创新辐射距离等级特征，其中专利合作规模随着交通运行时间下降与地理局限性有一定的联系，同时，在不同的时间段，专利合作数出现波动与城市的地理位置存在一定的关系。相对于西部地区而言，东部沿海地区经济发达，其经济圈内有着紧密的经济联系，所以在东部地区较小的范围内也存在和产生了大量的创新合作；而经济较落后的西部地区要想提高自身的技术创新水平，就要引进先进技术与知识，与其他地区技术水平较高和创新能力较强的城市进行合作。但也有例外，如西部地区西安和成都之间的专利合作非常少，这其中除了在 2010 年之前，两地之间交通不甚方便等因素之外，可能还存在一些地域文化因素，因此，加强中西部地区内部中心城市之间的专利合作是一个重要的发展方向。

第五节　中心城市专利创新辐射距离与城市信息流对比分析

专利创新仅为表征中心城市知识创新和知识合作的一个方面，人口流动、电信、通信等也是影响中心城市专利创新辐射的重要因素，因此应将表征这些特征的因素进行综合考量，本书构建了中心城市人口流量、电信流量、通信流量指标，其中，人口流量指标包括客运总量、铁路旅客流量、公路客运量三个指标，电信流量指标包括人均固定电话用户数、人均移动电话用户数、人均互联网用户数，通信流量指标包括人均邮政业务量、人均电信业务量。相关数据均来自各城市统计年鉴及统计公报，通过 SPSS 统计分析软件将数据进行标准化处理，对其进行加权平均得出用人口流量、电信流量、通信流量来表征的各中心城市的信息流值，并根据这些指标绘制了城市信息流与专利创新辐射距离对比图（见图 4-6）。图 4-6 中圆的半径对应城市信息流的大小，用信息流实际值的 1/10 表示；图 4-6 中射线的长度为对应城市专利创新辐射距离的大小，用辐射距离实际值的 1/100 表示。笔者对各中心城市按照信息流值（流量水平高低）进行相应的排列，将表示辐射距离的射线端点连接（见图 4-6）。

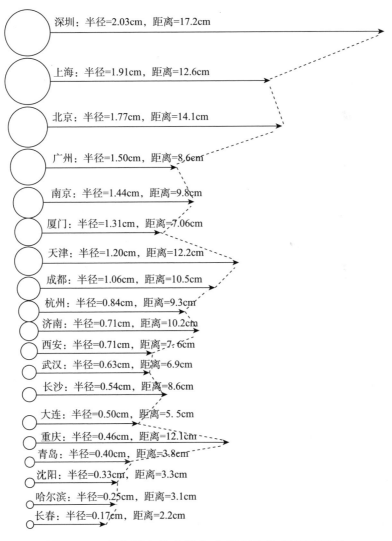

图 4-6 中心城市信息流与专利创新辐射距离对比

从图 4-6 可以看出，深圳的信息流最大，辐射距离最远，这与深圳较高的人口流动，较高的电信、通信流量有很大关系。同时，深圳通过跨城市的交流合作，带动较大范围内城市的专利合作活动，是国内最具市场辐射影响力的创新驱动城市。上海、北京两个城市的信息流较为接近，辐射距离也较为接近，这与两个城市较高的人口流、信息流和电信流相关，同时这两个城市的科教实力雄厚，科技溢出效应明显。上述研究再次证明了深圳、北京、上海已经成为我国创新能力最强、辐射范围最广的专利创新集聚地和辐射中心。西南地区的重庆和成都两个城市，辐射距离远于信息流接近的城市，在信息流量较小的状态下，专利创新辐射距离远高于同类城市，这与两个城市更加注重与其他城市进行知识和技术的交流合作具有很大的关系。东北地区的沈阳、哈尔滨、长春等城市的信息流和辐射距离都较小，与这些城市知识、技术流动频率较低有密切关系，应积极通过引进人才、加强技术交流等进一步推动创新合作，促进创新辐射距离进一步拓展。

第六节　中心城市专利创新辐射方向研究

城市专利创新辐射距离考察的是一个城市专利创新辐射距离的叠加，并未顾及合作城市所处的方向。在实际情况中，中心城市的辐射将是向各个方向开展的，因此本书将中心城市的创新辐射方向分为 8 个：东、东南、南、西南、西、西北、北、东北。其中相邻两个方向的夹角为 45°，中心城市专利创新辐射方向总距离的表述如式（4-2）所示，$L_{A-directionM}$ 表示 A 城市 M 方向专利合作总距离，将具有辐射效应城市的跨城市边界合作对象按照上述 8 个方向分类，计算各方向合作总距离，按照各城市所处的地理位置，绘制 20 个中心城市 8 个方向专利创新辐射距离雷达图，如图 4-7 所示。

观察图 4-7 中各城市在 8 个方向专利创新辐射距离，可以得出

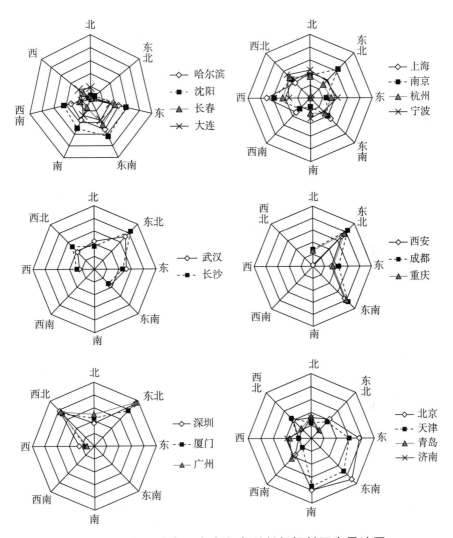

图 4 - 7 中心城市 8 个方向专利创新辐射距离雷达图

如下结论。

东北地区：本区域主要包括哈尔滨、长春、沈阳、大连四个城市，这四个城市的专利创新辐射方向集中在东南、南和西南方向，东北方向的辐射距离几乎为零。原因主要是哈尔滨、长春、沈阳、大连位于中国东北地区，其辐射范围受到地理环境的很大制约，同时东南方向集中了大量的创新技术水平较高的城市，这决定了哈尔滨、长春、沈阳、大连等中心城市的主要创新辐射方向。

华北地区：本区域主要包括北京、天津、青岛和济南四个城市，这四个城市的辐射方向和辐射距离相对分散。与天津的知识创新辐射范围主要集中在周边各方向的城市相比，北京的辐射方向更明显，主要集中在南部和东南方向的上海、深圳、广州等城市，北京与东南方向的城市开展了更多的创新合作，缺少对西部和中部城市的创新溢出带动。济南的辐射方向比青岛更为多面，但青岛的辐射距离更远。

华东地区：本区域主要包括上海、南京、杭州和宁波四个城市，上海专利创新辐射距离总体上高于其他城市，其辐射方向集中在西部和东南方向，主要原因在于受地理位置的限制；宁波和南京的辐射方向也比较明显，分别集中在西北和东北方向，但杭州的辐射距离较小，方向性也不明显，主要是与周边地区的城市进行知识交流与创新合作。

华南地区：本区域主要包括广州、深圳、厦门三个城市，这三个城市的辐射距离相差不多，其专利合作的方向集中在西北和东北方向。这三个城市所处的南方地区的地理位置，以及城市知识创新合作对象的技术创新水平，在一定程度上影响了其专利创新辐射的方向。

中部地区：本区域主要包括武汉、长沙两个城市，这两个城市的辐射方向和西北、西南地区一致，都向东北方向的城市倾斜，其专利创新辐射距离在周边各方向城市和西部地区都比较小。这类城市没有如想象中充分利用地理区位的优势，与周边城市进行创新合作，带动经济较落后城市发展。

西部地区：本区域主要包括西安、成都、重庆三个城市，虽然重庆、西安、成都的辐射距离不同，但是这三个城市的创新合作方向非常明显，都趋向于东北方向的城市。主要原因在于为了提升本城市的技术创新水平，它们选择专利创新合作对象时自然向东北、东部的北京、上海等发达城市倾斜，但对于周边城市的影响和带动作用以及区域内部之间的辐射合作，尚未达到应有的促进作用。

第七节　本章小结

本部分对我国 20 个中心城市的专利申请现状、中心城市专利合作网络、基于负二项计数回归的空间交互模型及城市专利创新辐射跨度等级特征进行了研究分析，主要研究结论如下。

第一，从中心城市专利申请总体情况来看，城市间专利申请呈现出较为明显的不均衡，北京、上海等城市的专利申请量远高于长春、沈阳等城市。从城市的专利申请结构来看，北京、上海等大多数城市的发明专利申请量远高于实用新型和外观设计专利申请量，而宁波等城市的外观设计专利申请量高于另外两种专利申请量，说明城市间专利申请的侧重点不同。

第二，从城市专利职务申请和非职务申请结构对比可以看出，深圳、天津等城市专利职务申请量较高但占比较低，说明这些城市的非职务申请专利较多，即公司或民间组织的科技创活动较多，而上海、北京、青岛等城市的专利职务申请量占比高于平均水平，说明这些城市的职务专利权人是专利申请的主体，应进一步加大对非职务专利申请人或民间科研创新力量的支持力度。而对城市的主要职务申请机构进行研究发现，企业是专利发明的主力军，机关团体的专利申请量占比很低。

第三，从中心城市专利合作网络中可以看出，中心城市之间的专利合作网络呈现出星状拓扑结构，且该网络以北京、上海、深圳为网络中心。专利合作较多的城市主要集中于东部地区，而西部及东北地区的中心城市处于网络结构图的边缘位置。从专利合作的网络密度来看，地理距离对于专利合作强度具有非常显著的影响，即城市地理距离越近，专利合作强度就越高。

第四，从城市负二项计数回归分析可以看出，相距时间变量与城市专利合作具有负相关性，经济差距与城市间专利合作呈现正相关性，至少有一个为沿海城市的专利合作可能性大于双方至少有一个为中部城市的专利合作可能性。城市间的技术相似程度越低①，双方合作的可能性就越小。城市间的专利合作规模与合作强度存在较大的正向相关关系，合作双方所在城市中科研人员越多，越有利于城市间专利合作的产生与发展。

第五，从城市专利创新辐射距离等级特征研究中可以看出，城市间专利创新辐射距离都比较近，城市专利合作主要分布在自身周围的城市，具有较为明显的"就近原则"。中心城市专利创新辐射距离与其跨城市合作数量并不成正比，主要与其地理距离有较大的关联，地理距离也是影响城市专利合作和知识创新的重要影响因素，随着交通运行时间的增加，跨城市专利合作数整体呈现下降的趋势。

第六，从城市专利辐射距离与城市信息流的对比分析中可以看出，人口流量、电信流量和通信流量对城市信息流和辐射距离具有较大的影响，城市的信息流与其辐射距离并不呈现出正向关系。从城市专利创新辐射方向来看，东北地区的城市专利创新辐射方向主要集中在东南、南及西南方向，这与该方向的北京、上海、深圳作为我国的科技创新中心有很大关系；华北地区城市辐射方向和辐射距离较为分散，如天津的辐射主要集中在周边城市，北京的辐射方向主要集中在

---

① 从严格意义上来讲，城市之间技术相似程度主要是基于不同城市所拥有的专业学科、主流技术等的相似程度或交集，更多地体现为有关发明专利或基础领域的创新合作，但通常情况下，还应当从产业链的角度考虑城市之间专利创新合作的可能性，即技术供给与产能供给的结合。举例而言，北京科技大学与河北钢铁集团之间就存在较多的专利创新合作。

以上海、深圳为主的南和东南方向，济南的辐射方向比青岛更为多面，但青岛的辐射距离更远。西部地区、华南地区和华东地区的城市由于受地理位置的影响，其辐射方向和辐射距离较为单一，如西部地区的辐射方向主要集中在东北方向，而华南地区的辐射方向则主要集中在东北和西北方向，华东地区的辐射方向则主要集中在西部和东南方向。中部地区的城市辐射方向和西北、西南地区一致，主要向东部城市倾斜。总体来看，中西部地区中心城市之间的专利创新辐射不明显。同时，不同区域中心城市专利创新辐射方向可以从图 4 - 3 中得到进一步的印证。

第五章
中心城市产学研专利合作研究

中心城市产学研专利合作的主体包括公司、高校及研究机构，是中心城市专利合作网络中的主要节点。因此，本部分将高校和公司、研究机构之间专利合作申请量作为衡量中心城市产学研专利合作的关键指标，重点研究 1998～2013 年中心城市的重点高校与公司、研究机构开展专利合作情况①。由于在 1998 年以前，现代交通和信息网络体系尚未完全形成，高校与公司之间的专利合作并不多，尤其是跨界城市专利合作相对较少。1998 年国家公布了第一批"985 工程大学"，加快了我国高校与企业专利合作的步伐。进入 21 世纪后，区域交通布局的不断完善和信息网络水平的不断提高，为跨界城市专利合作提供了更为便捷的条件，新一代信息技术的迅猛发展使得虚拟校企知识联盟成为现实。在上述两方面因素的共同作用下，远距离校企合作正在成为常态。基于以上两点原因，本部分将时间节点选取为 1998～2013 年，以中心城市的重点高校与公司、研究机构的专利合作数据作为中心城市产学研专利合作的研究对象。

本部分的具体内容安排如下。

---

① 由于深圳市、宁波市均没有"985 工程大学"及"211 工程大学"，同时合肥市拥有"985 工程大学"——中国科学技术大学和"211 工程大学"——安徽大学及合肥工业大学，因此，必须考虑合肥市。本部分以合肥市代替深圳市进行分析，加上北京、天津、上海、重庆、哈尔滨、长春、沈阳、大连、济南、青岛、南京、杭州、厦门、广州、武汉、长沙、西安、成都，共 19 个城市进行产学研创新合作研究。

第一节，以高校为合作主体，开展中心城市产学研专利合作研究，涉及大量的原始数据，在最初查找过程中，一共查询到 48293 条专利条目，但其中存在大量的专利信息重叠，经过多次数据清洗后，最终确定为 31144 条专利条目。

第二节，以包括 35 所"985 工程大学"在内的共 55 所"211 工程大学"为研究对象，通过不同的检索组合方式进行专利检索查询，对中心城市产学研合作的规模总量、合作网络密度演变等进行分析。

第三节，根据社会网络理论的主要思想，利用本章第二节中心城市产学研专利合作数据构建中心城市产学研专利合作创新网络，并以 G 部专利为例，进行网络结构特征分析。

第四节，通过引入 Logit p^* 模型，对中心城市产学研合作的三个阶段进行分析，并进行显著性检验，对不同阶段中心城市内部合作与外部合作进行分析，得出中心城市之间专利合作的重要性以及地理距离对中心城市产学研专利合作的影响。

第五节，以上海市为例，通过对城市内部不同主体间专利合作网络进行研究，进一步完善和丰富有关中心城市专利合作网络的研究。

第六节为本章小结。

第一节　数据来源及数据清洗

目前，能够提供专利检索服务的公共平台很多，如中国知识产权网（CNIPR）、国家知识产权局的专利检索平台（SIPO）、SooPAT 网站等，相对而言 CNIPR 检索平台数据的准确性和平台操作性都更好。故本书选择此平台作为检索数据源。检索表达式通过文献分析、问卷调查和专家咨询得到关键词。由于在专利检索过程中，会出现很多的重叠信息，这就要求必须对现有专利检索数据结果进行数据清洗，一般认为所谓"数据清洗"，即在无法确认机构归属的情况下，采用的一种数据处理方法，如当无法确定署名为"北京大学"的机构具体属于哪个子机构时，以往研究往往将所有北京大学的分支机构都统一划归"北京大学"这样一个能够确认的最大机构。但就本书而言，情况要复杂很多，大量的信息重叠问题就需要进行更加彻底的数据清洗，这些情况主要包括以下方面。

（1）同一主体单位的机构细分重叠。如"北京大学"与"北京大学化工学院"或"北京大学医学部"、"清华大学"与"清华大学建筑设计研究院"等。

（2）同一主体单位的异地设置现象。如"清华大学"与"清华大学深圳研究生院"，应算为两个机构，类似等等，但"清华大学深圳研究生院＋北京理工大学"要算为深圳的研究机构与北京理工大学之间的合作。

（3）同一大学附属机构的问题。如"北京大学"和"北京大学医学部"，其中对于"北京大学医学部"，如果是"北京大学"和"北京大学医学部"联合申请专利，不计入统计范畴，同样的，"清华大学"和"深圳清华大学研究院"亦做同样处理，"清华大学＋首都医科大学附属北京同仁医院"应视为"高校＋公司"的专利合作。

（4）同一主体单位的名称检索重叠问题。如北京大学与北京理工大学、北京航空航天大学、北京师范大学、北京科技大学、北京交通大学、北京邮电大学，上海交通大学和上海大学，南京大学和南京理工大学，武汉大学与武汉理工大学，西北大学与西北工业大学等，在检索过程中，应当予以特别区分。

（5）对于有多个研究主体的情况，一般情况下，根据前两个研究主体确定，如"清华大学＋中国科学院物理研究所＋北京三昌宇恒科技发展有限公司"，由于是在同一城市内部开展的专利合作，为避免重复计算，以前两个研究主体为准，确定为"高校＋研究机构"的专利合作模式，同样，对于"上海大学＋上海煜工机电科技有限公司＋

中国矿业大学", 为集中体现合作关系, 以前两个合作主体为准, 认定为上海市"高校＋公司"合作模式。

（6）"北京师范大学＋北京师大科技园科技发展有限责任公司"不作为一种专利合作案例, "清华大学＋深圳清华大学研究院＋深圳市力合材料有限公司"归入清华大学与深圳企业之间的合作。

经过对原始查询收集到的 48293 条专利条目进行多次数据清洗, 剔除掉大量重叠信息, 最终确定为 31144 条专利条目, 并将其作为本部分开展中心城市产学研专利合作研究的基础数据。

第二节　中心城市产学研专利合作现状

本部分研究以包括北京、天津、上海、重庆、哈尔滨、长春、沈阳、大连、济南、青岛、南京、杭州、厦门、广州、武汉、合肥、长沙、西安、成都 19 个中心城市的 35 所"985 工程大学"（不包括中央民族大学和中国人民大学）在内的 55 所"211 工程大学"为研究主体（见表 5 - 1）①, 按照高校—高校、高校—公司、公司—高校、高校—研究机构、研究机构—高校 5 种组合方式进行专利检索查询。

---

① 目前, 我国共有 39 所"985 工程大学"、122 所"211 工程大学", 本部分 19 个中心城市共拥有 37 所"985 工程大学"（除兰州大学和西北农林科技大学）和 93 所"211 工程大学", 分别占全国"985 工程大学"和"211 工程大学"的 95% 和 76%。此外, 创建于 2009 年的中国首个顶尖大学间联盟——九校联盟（北京大学、清华大学、浙江大学、复旦大学、上海交通大学、南京大学、中国科学技术大学、哈尔滨工业大学、西安交通大学）和创建于 2010 年的卓越大学联盟（Excellence 9, 包括北京理工大学、重庆大学、大连理工大学、东南大学、哈尔滨工业大学、华东理工大学、天津大学、同济大学和西北工业大学）全部位于上述城市。

表 5 –1　研究对象——基于"985 工程大学"和"211 工程大学"的选择

城市 / 高校	"985 工程大学"	"211 工程大学"
北京	清华大学、北京大学、北京航空航天大学、北京师范大学、北京理工大学、中国农业大学、中央民族大学、中国人民大学	北京交通大学、北京科技大学、北京邮电大学、中国矿业大学（北京）、北京工业大学、北京化工大学、北京林业大学、北京中医药大学、北京外国语大学、中国传媒大学、对外经济贸易大学、中央音乐学院、中国地质大学（北京）、中国政法大学、中国石油大学（北京）、华北电力大学、中央财经大学、北京体育大学
天津	天津大学、南开大学	天津医科大学
上海	上海交通大学、复旦大学、同济大学、华东师范大学	华东理工大学、东华大学、上海大学、第二军医大学、上海外国语大学、上海财经大学
重庆	重庆大学	西南大学
哈尔滨	哈尔滨工业大学	哈尔滨工程大学、东北林业大学、东北农业大学
长春	吉林大学	东北师范大学
沈阳	东北大学	辽宁大学
大连	大连理工大学	大连海事大学
济南	山东大学	
青岛	中国海洋大学	
南京	南京大学、东南大学	河海大学、南京航空航天大学、南京理工大学、南京农业大学、中国药科大学、南京师范大学
杭州	浙江大学	
厦门	厦门大学	
广州	中山大学、华南理工大学	暨南大学、华南师范大学
武汉	武汉大学、华中科技大学	武汉理工大学、中国地质大学（武汉）、中南财经政法大学、华中师范大学、华中农业大学

续表

城市 ＼ 高校	"985 工程大学"	"211 工程大学"
合肥	中国科学技术大学	**安徽大学、合肥工业大学**
长沙	湖南大学、中南大学、国防科学技术大学	湖南师范大学
西安	西安交通大学、西北工业大学	**西安电子科技大学、西北大学、长安大学**、第四军医大学、陕西师范大学
成都	四川大学、电子科技大学	**西南交通大学**、西南财经大学、四川农业大学
合计	37 + 56	

注：表中黑体标注的高校为本部分的主要研究对象。

除了从城市层面来看待专利研究问题之外，还可以从区域层面进行考量，可以将上述城市分别划入不同区域，如华北地区（北京、天津、济南、青岛）、华东地区（上海、南京、杭州）、东北地区（大连、沈阳、长春、哈尔滨）、华南地区（广州、厦门）、中部地区（长沙、武汉、合肥）、西部地区（成都、重庆、西安）。

一　中心城市产学研专利合作申请总量分析

在国家知识产权局网站上对前述中心城市共 55 所 "985 工程大学" 和 "211 工程大学" 的专利合作情况进行检索统计，并以主要高校所在的城市为组织，首先对高校所在地的中心城市的专利合作进行统计，统计结果如表 5 - 2 所示。

表 5 - 2　1998 ~ 2013 年高校表征的城市专利合作

单位：件

城市 ＼ 年份	1998	1999	2000	2001	2002	2003	2004	2005	2006	2007	2008	2009	2010	2011	2012	2013	总量
北京	15	43	78	47	124	341	284	486	648	1020	783	971	906	936	1155	751	8588
天津	5	7	37	18	27	24	35	49	17	51	56	82	136	102	98	88	832

年份 城市	1998	1999	2000	2001	2002	2003	2004	2005	2006	2007	2008	2009	2010	2011	2012	2013	总量
济南	0	0	4	2	6	6	3	2	12	12	11	28	36	53	59	17	251
青岛	0	0	0	0	0	6	28	11	7	6	6	19	18	11	30	17	159
上海	19	115	166	142	120	268	326	328	298	411	502	552	667	751	683	562	5910
南京	6	9	17	18	23	21	44	60	99	90	167	221	296	329	413	399	2212
杭州	14	11	15	30	56	88	99	108	203	241	340	317	337	294	326	255	2734
大连	5	8	6	11	8	25	32	14	7	21	34	80	74	90	123	71	609
沈阳	0	6	9	4	3	12	5	13	12	34	42	34	71	63	53	66	427
长春	0	4	0	3	1	5	8	8	6	8	7	6	14	16	17	22	125
哈尔滨	3	0	3	1	6	21	11	7	6	30	27	53	29	71	61	52	381
重庆	1	2	1	3	11	17	14	17	48	65	62	66	91	151	161	223	933
厦门	2	0	2	8	10	13	30	1	12	7	52	36	31	65	79	53	401
广州	23	10	9	15	17	19	39	47	94	136	105	215	237	264	317	274	1821
长沙	0	4	6	2	15	33	21	31	30	51	59	121	229	183	143	159	1088
武汉	0	7	2	22	25	31	39	46	57	78	130	161	149	236	276	312	1571
合肥	0	2	4	13	6	9	16	34	31	28	64	73	69	59	71	80	559
西安	0	5	0	16	12	28	28	32	63	47	76	132	199	169	203	228	1238
成都	0	14	19	10	17	59	30	60	108	112	128	124	106	147	206	165	1305
总量	93	247	378	366	487	1026	1092	1354	1758	2448	2651	3291	3695	3990	4474	3794	

从表5-2可以看出，由于中心城市高校的数量和优势专利的不同，高校表征的城市专利合作数量呈现出明显的不均衡性，合作数量较多的城市主要集中在北京、上海等东部城市，西部和中部城市产学研专利合作数量较少。为了进一步分析这种不均衡性，将表5-2转化为高校表征的城市专利合作折线图，如图5-1所示。

从图5-1可以看出，高校表征的中心城市专利合作的不均衡性较为明显，其中，北京、上海、南京三个城市的专利合作数量最多，这与三个城市的高校、科研机构众多，科技投入大有着直接关系。专利合作量最少的城市为长春和沈阳，这与这两个城市的高校较少、每

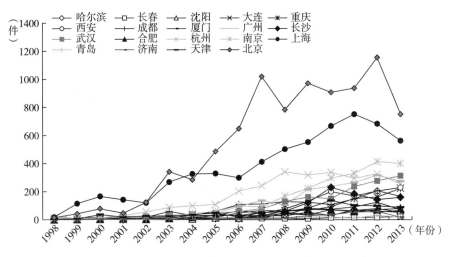

图 5 - 1　1998 ~ 2013 年高校表征的城市专利合作统计

个城市均只有一所"985 工程大学"具有一定关系，同时也与其所处的地理区位条件有很大关系。从图 5 - 1 还可以看出，我国各中心城市专利合作表现出非常明显的增长态势，北京的高校表征的专利合作呈现出较为明显的波动态势，分别在 2001 年、2008 年和 2013 年出现了较大幅度的下降；上海的高校表征的专利合作除 2006 年呈现小幅度的下降外，2002 ~ 2011 年呈现出较为稳定的上升趋势，南京的高校表征的专利合作上升趋势较平稳。城市产学研专利合作较紧密的年份主要集中在 2003 年，除北京、上海、南京三个城市外，其他中心城市的高校表征的专利合作数量差距较小，年上升幅度也较小。

　　按照申请人的不同进行分类，产学研专利合作包括三种形式，分别是高校与高校之间的合作、高校与公司之间的合作，以及高校与研究机构之间的合作，其中高校与公司之间的合作是产学研专利合作的重点，图 5 - 2 给出了 1998 ~ 2013 年中心城市产学研专利合作情况。

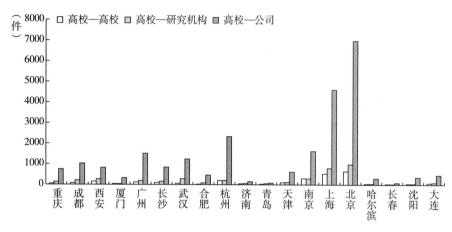

图 5-2　1998～2013 年我国中心城市产学研专利合作情况

从图 5-2 可以看出，1998～2013 年中心城市产学研专利合作申请总量不断增加，其中北京、上海等城市的产学研专利合作量居各中心城市前列，而济南、长春等城市的产学研专利合作量较少。从城市产学研专利合作的组织对比可以看出，高校与公司的专利合作是城市产学研专利合作的重点，高校与研究机构的专利合作数量居中，高校与高校的专利合作较少，说明各城市的产学研合作不断加深，专利创新的转化意识不断加强。

二　中心城市产学研专利合作申请 IPC 分类分析

根据国际专利 IPC 分类表，可以将专利分为 8 个部，其中：A 部为生活需要，B 部为作业、运输，C 部为化学、冶金，D 部为纺织、造纸，E 部为固定建筑物，F 部为机械工程、照明、加热、爆破，G 部为物理，H 部为电学。将中心城市主要高校与公司联合申请的发明专利进行检索统计，从统计结果可以看出，中心城市主要高校和公司联合申请的发明专利以 C 部、G 部和 H 部为主，累计比例达到70.55%（见表 5-3）。

表 5 – 3　1998 ~ 2013 年中心城市产学研联合申请的发明专利
分布情况（按专利类型分）

单位：件, %

专利类型	A 部	B 部	C 部	D 部	E 部	F 部	G 部	H 部	合计
数量	2163	3910	8748	674	919	1504	6728	6498	31144
占比	6.95	12.55	28.09	2.16	2.95	4.83	21.60	20.86	100

从表 5 – 3 可以看出，我国中心城市产学研专利合作主要集中在
C 部、G 部和 H 部，D 部（纺织、造纸）和 E 部（固定建筑物）专
利合作申请较少。图 5 – 3 描绘了各部类年均增长的趋势，从图 5 – 3
可以看出，8 个部的专利申请合作的数量均呈显著的增长趋势，其中
H 部（电学）和 G 部（物理）的专利合作上升趋势更为明显。中心
城市专利合作各部的数量在 2003 年后有较大幅度的上升趋势，并在
2012 年达到峰值（2013 年数值有所下降的原因主要是专利数据库统
计还没有完善）。

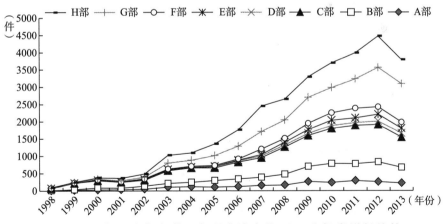

图 5 – 3　中心城市产学研专利申请合作 IPC 分部类增长趋势

三　中心城市产学研专利合作网络密度演变分析

在对中心城市专利合作网络密度进行测度时，必须充分考虑网络

密度对网络规模的依赖性，网络密度不能用于比较规模差距显著的网络，然而将网络密度与网络规模指标结合起来考察是可行的。表5-4给出了中心城市不同年份的产学研专利合作网络密度，可以看出，随着专利合作网络规模的不断增大，网络中参与主体的联系往往会被"稀释"，显得没有以前那么紧密。专利合作主体用于建立并维持合作关系的时间往往是有限的，用于维持特定的专利合作关系的时间则更为有限，并随着合作网络中创新主体的不断增多而减少，当专利合作收益减少并且维持合作关系代价太大时，专利合作主体就更加倾向于建立新的合作关系，而不再对原有合作环节进行新的投入。在稍后研究中东华大学的专利合作就恰恰验证了这一点。Mayhew 和 Levinger（1998）利用随机选择模型指出，在实际的网络图中能够发现的最大密度值是0.5。从表5-4可以看出，随着时间的推移，中心城市专利合作网络密度大多呈明显的下降趋势，这表明中心城市产学研专利合作网络属于关系比较稀疏的网络，但这同时也意味着中心城市在产学研合作方面仍有很大潜力，各类合作主体可以利用现有的网络关系与其他合作主体开展更为广泛的合作。

表5-4　中心城市产学研专利合作网络密度

年份	A 部	B 部	C 部	D 部	E 部	F 部	G 部	H 部
1998	—	0.1654	0.1628	1.0000	—	1.0000	1.0000	
1999	0.0236	0.2000	0.1642	—	—	—	0.3337	0.4003
2000	—	0.2210	0.1035	1.0000	0.4002	1.0000	0.4004	—
2001	0.1265	0.1092	0.1149	1.0000	—	—	—	0.3335
2002	0.2635	0.2986	0.0599	—	—	—	0.1095	0.3338
2003	0.2566	0.3216	0.0739	—	—	0.4328	0.1115	1.0000
2004	0.2874	0.2667	0.061	1.0000	0.3334	0.3623	0.4005	1.0000
2005	0.3261	0.2369	0.0641	0.06672	1.0000	0.3217	0.2147	0.3005
2006	0.2598	0.1867	0.0314	1.0000	0.3332	0.2964	0.1671	0.1096
2007	0.2428	0.1699	0.0348	0.2148	0.3332	0.2658	0.3335	0.1338

续表

年份	A 部	B 部	C 部	D 部	E 部	F 部	G 部	H 部
2008	0.2264	0.1534	0.0247	0.1460	0.0664	0.2381	0.0721	0.0648
2009	0.2113	0.1472	0.0169	0.0585	0.0690	0.2242	0.0152	0.0538
2010	0.2039	0.1388	0.0380	0.0534	0.0721	0.2162	0.0135	0.0277
2011	0.2016	0.1276	0.0241	0.0384	0.0634	0.2016	0.0127	0.0280
2012	0.1186	0.1103	0.0205	0.0347	0.0623	0.1829	0.0111	0.0215
2013	0.0964	0.1061	0.0216	0.0326	0.0335	0.1626	0.0105	0.0144

四　中心城市产学研专利合作中心度和中心势演变分析

社会网络指标可以围绕"点"和"图"展开，关于点的衡量指标主要有度数（Degree）、中心度（Centrality）、中间度（Betweenness），关于图的衡量指标主要有密度（Density）和中心势（Centralization）等，也可以根据这些基本的指标体系来构建所要分析问题的指标体系（马艳艳等，2011）。本部分选用中心度和中心势对我国中心城市产学研专利合作网络进行分析。其中，中心度指测量一个点在多大程度上位于图中其他点"中间"，一个度数相对比较低的点可能起到重要的"中介"作用，因而处于网络的中心。中心势描述的是内聚性能够在多大程度上围绕某些定点组织起来，围绕某个最核心点的紧密性如何。中心势指实际的差值总和与最大可能的差值总和之比。

从中心城市产学研专利合作网络可以看出，中心城市的产学研专利合作更多地呈现出一种"对角匹配成长"①的状态，整个网络并不存在中心点，但是网络存在局部中心点。随着专利合作网络规模的不

---

① "对角匹配成长"，是指基于两个城市相互之间专利创新合作而言，彼此之间专利合作量呈现互动增加的发展状态，如"北京—上海"之间的专利合作量比较大，那么通常情况下"上海—北京"之间的专利合作量也不会小。

断扩张,网络中心点随之发生变化。如 A 部的网络中心点随着年份的变化而变化,并没有出现一个固定的网络中心点。B 部的网络中心点,2000 年以前为中国石油化工总公司,2000 年后为清华大学,网络的绝对局部中心度有所上升,但相对局部中心度是下降的。C 部 2000 年的网络中心点与 B 部一样,为中国石油化工总公司,2000 ～ 2005 年的专利合作网络局部中心点是华东理工大学,2006 ～ 2013 年的网络局部中心点为浙江大学,D 部、E 部、F 部、G 部、H 部在 2000 年以前并不存在网络中心点,2000 年后 D 部中心点为东华大学,E 部中心点在 2006 年后为中国海洋石油总公司,F 部、G 部、H 部专利合作网络局部中心点为清华大学。

与网络中心点不同的是,网络中心势研究的是网络图的总体凝聚力或整合度而不是点的相对重要程度。表 5 - 5 给出了中心城市产学研专利合作网络中心势,从表 5 - 5 中可以看出,中心城市的 A 部专利合作网络中心势与其他部相比较低。B 部与 C 部的专利合作网络中心势随着网络规模的增大而降低,D 部专利合作网络中心势相对其他部较高,其内聚性较高。中心城市在 E 部、F 部、G 部、H 部的专利合作网络中心势则呈现出较为分散的状态。

表 5 – 5　中心城市产学研专利合作网络中心势

单位: %

年份 ＼ 分部	A 部	B 部	C 部	D 部	E 部	F 部	G 部	H 部
1998	—	22.22	39.02	—	—	—	—	—
1999	—	0.00	28.89	—	—	—	0.00	16.67
2000	4.36	54.23	23.15	—	16.67	—	16.67	—
2001	4.44	11.66	22.30	—	—	—	11.00	0.00
2002	4.49	42.36	13.42	—	—	—	0.00	0.00
2003	4.50	0.00	19.20	29.85	—	—	16.52	—

续表

分部 年份	A 部	B 部	C 部	D 部	E 部	F 部	G 部	H 部
2004	4.66	14.29	28.52	4.06	—	—	9.71	33.11
2005	6.23	29.25	29.03	14.86	—	0.00	0.00	11.11
2006	6.71	19.30	4.59	13.59	—	0.00	25.00	11.65
2007	6.24	14.00	14.86	9.98	55.36	—	31.19	17.85
2008	6.22	5.69	13.33	6.33	9.56	0.00	15.86	16.17
2009	7.21	7.55	6.33	5.13	55.13	40.67	—	17.71
2010	7.64	3.21	5.13	6.00	22.20	6.00	10.21	18.01
2011	7.82	10.52	6.00	10.46	23.37	25.00	7.38	10.62
2012	5.04	7.18	10.46	5.08	32.75	8.13	7.44	16.80
2013	3.29	4.17	5.08	7.46	10.26	11.2	9.61	13.15

从实际研究情况来看，如果一个高校或研究机构在某一专业或学科领域中具有独一性或专有性，那么其合作具有典型的网络特征，例如，东华大学在纺织领域的专利合作主要是与常州、苏州、江阴、绍兴等纺织业发达城市之间的合作，并与海澜集团建立了稳定的专利合作关系，同时，还与郑州、天津和深圳等传统纺织城市和新兴服装设计都市有较多合作，类似的还有北京邮电大学，其80%的专利合作集中在深圳市，在北京市的不足15%，2000年以后，与无锡之间的合作迅速增多，这主要源于无锡在物联网等产业领域的快速发展。

东华大学的专利合作还体现在其创新合作网络关系的迁移特征上，随着国家"东桑西移"和"东丝西移"等工程的不断推进，以及常州等城市产业重点的转移，东华大学的创新合作网络表现出回归上海的趋势，但这并不是其创新网络的收缩，而是在产业转型升级倒逼下技术合作网络的再次升级，东华大学与上海永博工贸公司、上海

可人计算机软件有限公司、上海睿兔电子材料有限公司和上海三伊环
境科技有限公司等本地企业开展了新兴领域、新兴技术方面的专利
合作。

第三节　中心城市产学研专利合作网络的
构建与网络结构分析

从上节的中心城市产学研专利合作总量的分析可以看出，1998～
2013 年，中心城市产学研合作创新网络呈现良性发展态势，高校、
研究机构为城市产学研创新合作提供了较为丰富的资源，创新产出数
量不断增加。专利的合作生产较好地体现了创新合作网络中产学研的
合作创新活动。因此，本部分以 G 部专利数为例，利用本章第二节所
得到的中心城市产学研专利合作数据构建中心城市产学研专利合作网
络，并基于社会网络分析方法对中心城市的产学研专利合作进行网络
结构特征分析。

一　中心城市产学研专利合作网络的构建

根据社会网络理论的主要思想，如果节点 i 与节点 j 之间存在
某种关系，则定义 $a_{ij}=1$，否则 $a_{ij}=0$。可以根据节点之间的信息
构建一个 $n \times n$ 阶矩阵。在产学研专利合作网络中，公司通过与高
校、研究机构等合作创新产生创新成果。因此，产学研创新成果
体现了公司与高校、研究机构等之间的合作关系。如果公司 A 与
高校 B 之间共同申请了 n 项专利，则 $a_{ij}=n$。在收集了中心城市
产学研专利合作数据后，以 G 部数据为例，借助社会网络分析工
具 UCINET 6.1 构建各城市 1998～2013 年的产学研专利合作网络
（见图 5－4）。

从中心城市产学研专利合作网络可以看出，1998～2013 年，中心

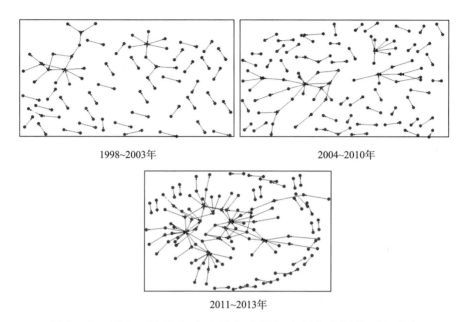

1998~2003年 2004~2010年

2011~2013年

图 5 - 4 1998 ~ 2013 年中心城市产学研专利合作网络（G 部）

城市产学研专利合作的节点数不断增加，随着节点数的增加，节点间关系越来越紧密，网络密度也不断增加，网络逐渐呈现出"小世界"特性①。随着时间发展，新成员的加入在给网络带来异质性资源和创新动力的同时，也使得网络的关联程度不断增加。

二 中心城市内部专利合作网络结构分析

在分析中心城市专利合作网络结构演变的基础上，本书重点研究中心城市高校专利合作的空间布局模式及其变化，分析空间因素对中

① "小世界"是指从社会网络分析理论延伸出的一种理论特征，本书将其引入对中心城市专利合作网络的研究。"小世界"理论，也即"六度分割"理论，是指一个人和任何一个陌生人之间所间隔的人不会超过六个，也就是说，这个人最多通过六个人就能够认识任何一个陌生人。中心城市专利合作网络代表了一个专利主体与不同创新主体之间的间接关联关系。

心城市产学研专利合作行为的影响①。首先，把高校所在地的中心城
市专利合作申请量及内部合作申请专利量进行加总，并将其划分为三
个阶段，第一个阶段为 1998～2003 年②，第二个阶段为 2004～2010
年，第三个阶段为 2011～2013 年，如表 5－6 所示。

表 5－6　中心城市内部产学研合作申请专利量及其所占比例

单位：件，%

城市	1998～2003 年			2004～2010 年			2011～2013 年		
	合作次数	内部合作	内部比例	合作次数	内部合作	内部比例	合作次数	内部合作	内部比例
哈尔滨	31	6	19	161	34	21	189	19	10
长春	12	10	83	54	35	65	59	26	44
沈阳	46	12	26	284	73	26	256	70	27
大连	112	25	22	429	101	24	488	128	26
重庆	63	22	35	675	202	30	941	277	29
西安	76	15	20	839	249	30	880	232	26
成都	203	62	31	1017	282	28	818	263	32
厦门	47	33	70	269	142	53	314	174	55
广州	145	52	36	1623	749	46	1618	763	47
长沙	96	21	22	826	194	23	789	221	28
武汉	150	59	39	1010	272	27	1261	229	18
合肥	49	11	22	440	101	23	347	121	35

---

①　对于内部合作与区域合作，本书按照以下标准划分：一是对北京、上海、天
津、重庆等直辖市或单体城市而言，内部合作是指市辖域内部专利创新主体之
间的合作；二是对于省会城市及副省级城市而言，其所在省份以内的合作为内
部合作。

②　将 2003 年作为一个划分节点，是由于国家在 2004 年设立第二批 "985 工程大
学"，其中包括国防科学技术大学。

续表

城市	1998~2003 年			2004~2010 年			2011~2013 年		
	合作次数	内部合作	内部比例	合作次数	内部合作	内部比例	合作次数	内部合作	内部比例
杭州	379	114	30	3003	1220	41	1518	580	38
南京	152	54	36	1743	696	40	1974	757	38
上海	1508	581	39	5433	1779	33	3506	1037	30
青岛	11	5	45	127	27	21	90	30	33
济南	34	11	32	189	45	24	228	72	32
天津	228	74	32	752	174	23	468	103	22
北京	1136	460	40	7699	2694	35	4402	1330	30

根据中心城市产学研专利合作申请量与内部合作比例高低及其在 1998~2003 年、2004~2010 年和 2011~2013 年三个阶段的变化，可以将中心城市划分为三种类型。第一类是内部合作比例始终高于50%的城市，这类城市侧重于内部合作，知识本地化交流程度较高，说明城市边界对于这类区域的产学研专利合作有较大影响。如厦门三个阶段的内部合作比例均高于50%，长春的内部合作比例在前两个阶段均高于50%，在第三阶段则低于50%，说明城市边界对其产学研专利合作的影响程度逐步下降。第二类城市是内部合作比例始终低于50%的城市，这类城市倾向于跨越区域边界，从外部城市获取知识，城市边界对于这类城市的产学研专利合作影响较小。其中大连、长沙、合肥三个城市的内部合作比例始终低于50%，但呈现出增长趋势，这些城市存在由主要依赖外部知识向利用城市内部知识转变的倾向。武汉、上海、天津、北京四个城市的内部合作比例始终低于50%且呈现出不断下降的趋势，其与外部城市的专利合作数量不断增加。第三类城市是内部合作比例有较大变化的城市，如长春由第一阶段的83%下降为第三阶段的44%，说明其专利创新网络由内部合作为主显著向与

外部合作转变。

第四节　基于中心城市校企合作申请专利的实证研究

一　实证模型

自从 Frank 和 Strauss（1986）首先提出基于马尔可夫随机图的 p^* 模型后，Wasseman、Pattison 和 Robinc 对其进行了系统的开发，使根据社会网络的统计特性预测某种社会关系变为可能。p^* 公式如下：

$$P_r(X = x) = \frac{\exp[\acute{\theta}_z(x)]}{k(\theta)} = \frac{\exp[\theta_1 z_1(x) + \cdots + \theta_r z_r(x)]}{k(\theta)} \qquad (5-1)$$

式（5-1）中，某个观察到的网络的概率 $P_r(X = x)$ 可以通过不同的网络特质 $z(x)$ 来预测。为了计算用来归一化的概率分布函数 $k(\theta)$，可以将 Loglinear 模型转化为 Logit 模型。基于这一想法，Wasseman、Pattison 构造了 Logit p^* 模型，将一个网络连接存在概率的对数当作一个响应变量。该模型公式如下：

$$\mathrm{Log}\left[\frac{P_r(X_{ij} = 1 \mid X_{ij}^c)}{P_r(X_{ij} = 0 \mid X_{ij}^c)}\right] = \acute{\theta}\left[z(x_{ij}^+) - z(x_{ij}^-)\right] \qquad (5-2)$$

假定 X 是所要分析的社会网络矩阵，x_{ij}^+ 就是从节点 i 到节点 j 的连接被强制出现时所对应于 X 的矩阵，x_{ij}^- 就是从节点 i 到节点 j 的连接被强制不出现时所对应于 X 的矩阵，而 x_{ij}^c 是不包含从节点 i 到 j 连接的对偶矩阵。一个连接出现与否的概率对数（Log Odds）就与网络中相应的网络特质的变化联系起来。当参数 θ 较大且为正时，相应的网络特质出现的概率较大。Logit p^* 模型可用于表示何种网络特质在知识交换中占主导地位，从而深化我们对中心城市知识交换模式的认识。通过把行政区划分为分析的模块因子，进而揭示区域框架的有效性及地理距离对产学研专利合作的重要性。

二 实证结果

本部分继续将中心城市产学研合作时期分为三个阶段，分别为1998～2003年、2004～2010年和2011～2013年，通过 Logit p^* 模型对中心城市产学研合作进行分析，并将三个阶段中最合适的模型合并起来。通过检验各参数的显著性来决定不同时期参数的取值，并改变不能通过显著性检验的参数的约束条件，分析结果如表5-7所示，表中各参数均通过了显著性检验，参数中的下标1、2、3表示参数所处的阶段，下标 c 表示对城市间内部合作的估计。因此，可以通过对不同阶段中心城市内部合作和外部合作的分析来得出中心城市间专利合作的重要性及地理距离对中心城市产学研专利合作的影响。

表5-7 中心城市产学研专利合作 Logit p^* 模型参数估计结果

p^* 效应	参数	参数估计	标准误	Wald 值
密度	$\varphi_1 = \varphi_2$	-2.72	0.20	566.4
	φ_3	-0.86	0.44	163.52
内部合作密度	$\varphi_{2c} = \varphi_{3c}$	2.01	0.27	57.66
交互性	ρ_3	1.99	0.33	27.93
内部合作交互性	$\rho_1 = \rho_2$	5.89	1.01	34.58
传导性三极组合	τ_1	1.11	0.21	27.91
	$\tau_2 = \tau_3$	0.68	0.08	72.60
循环性三极组合	φ_1	-2.82	1.34	4.55
	φ_3	-0.34	0.11	10.15
二度输出中心	$\sigma_{0,1}$	0.33	0.05	38.64
	$\sigma_{0,2} = \sigma_{0,3}$	0.14	0.02	35.77
内部合作二度输出中心	$\sigma_{0,2c}$	1.41	0.44	10.39

续表

p* 效应	参数	参数估计	标准误差	Wald 值
二度输入中心	$\sigma_{1,2} = \sigma_{1,3}$	0.15	0.03	22.08
内部合作二度输入中心	$\sigma_{1,2c} = \sigma_{1,3c}$	-0.70	0.20	12.41

根据表 5-7 可以看出，密度参数三个阶段均为负值，说明在这期间发生知识流动的可能性较小。在第一和第三阶段，中心城市间产学研不出现合作的概率为 $1/\exp(-2.72) = 15.18$，即中心城市间产学研不出现合作的概率为 15.18。中心城市内部产学研专利申请合作发展较快的时期为第二阶段和第三阶段，在这两个阶段，中心城市内部合作发生概率是外部合作发生概率的 $\exp[2.01 - (-2.72)] = 113.3$ 倍，在第一阶段中心城市的内部合作不是特别活跃。通过对整个网络中密度参数的分析可以看出，随着中心城市产学研合作次数及合作规模的不断增加，中心城市内部合作的概率在不断下降，知识外流现象较为突出。通过对交互性分析可以看出，交互性主要发生在第三阶段，在该阶段交互性发生的概率为 $\exp(1.99) = 7.316$。中心城市产学研专利合作申请的内部合作主要发生在第一阶段和第二阶段，发生的概率为 $\exp(5.89) = 361.41$，因此可以看出，随着专利申请合作的趋势由内部合作向外部合作转变，合作的交互性也越来越密集。

第五节　中心城市产学研专利合作案例研究
——以上海市为例

一般而言，城市内部创新主体开展专利合作是最直接、最容易的合作模式或渠道，研究中心城市内部不同创新主体间的专利合作网络对系统研究中心城市专利创新与成果转化具有重要意义。上海作为我

国科技创新的排头兵，研究其产学研专利合作现状及特征对加快我国
其他城市产学研合作、推动国家技术创新与应用具有重要的示范和引
导作用。因此，本部分以上海市为例，以专利为载体对其高校、研究
机构、公司间的专利合作网络进行分析。从研究主体来看，高校和研
究机构主要作为专利的产出机构，公司则是专利应用及成果转化的机
构，故本部分将分别以高校、研究机构为主线，主要从"高校和研究
机构、高校和公司、高校和高校"及"研究机构和高校、研究机构和
公司、研究机构和研究机构"两条主线对上海市的产学研专利合作状
况进行分析。

一　数据来源及清洗

数据全部来自国家知识产权局专利信息网，时间节点选取 2010 ～
2014 年，申请机构为上海的高校、研究院（所）和公司。在国家知
识产权局专利检索与分析中输入"申请日 = 20100101：20141231
AND 申请（专利权）人 = （大学 + 大学）AND 申请人地址 = （上
海）AND 语种 = （CN）"，共得到 319 件专利，清除有一方不在上海
的高校后共得到有效合作专利 252 件。同理，在检索与分析中输入
"申请日 = 20100101：20141231 AND 申请（专利权）人 = （研究 +
大学）AND 申请人地址 = （上海）AND 语种 = （CN）"可得到研究
机构与大学的有效专利合作量 183 件、高校与公司的有效专利合作量
796 件、研究机构与公司的有效专利合作量 282 件。

从表 5 - 8 可以看出，高校与公司的合作数量最多，达到 796 件，
比高校与高校、高校与研究机构的专利合作数量总和还要多，说明高
校在上海市产学研专利合作中占主要地位。公司作为专利成果运用和
转化的部门，与研究机构的专利合作数量也较多，说明上海市具有较
强的科研成果转化能力。同时，研究机构之间合作数量最少，与公司
的专利合作数量也远少于高等院校。

表 5 - 8   上海市产学研专利合作总体情况

单位：件

机构	高校	研究机构	公司
高校	319	183	796
研究机构	183	92	282
公司	796	282	—

表 5 - 9 给出了上海高校、公司、研究机构间 2010～2014 年专利合作量在 5 件以上的专利合作情况，从表中可以看出，东华大学、华东理工大学、华东师范大学、同济大学、复旦大学在产学研合作中的合作量最多，与公司的合作量最多，其中，东华大学与上海盟津光电科技有限公司的合作量最多，达到 78 件，同时合作量在 20 件以上的还有东华大学与上海睿兔电子材料有限公司（32 件）、东华大学与上海三伊环境科技有限公司（34 件）、华东理工大学与上海熠能燃气科技有限公司（42 件），占高校与公司的专利合作总量的 23%。其他合作主体虽然较多，但合作量较少，合作主体间网络关系也较为分散。

表 5 - 9   上海市产学研专利合作的主要合作主体汇总

单位：件

合作主体	东华大学	华东理工大学	华东师范大学	同济大学	复旦大学
上海盟津光电科技有限公司	78				
上海睿兔电子材料有限公司	32			5	
上海三伊环境科技有限公司	34				
上海晋飞复合材料科技有限公司	6				
上海熠能燃气科技有限公司		42			
上海科迎化工科技有限公司		9			
上海问鼎环保科技有限公司		7			

合作主体	东华大学	华东理工大学	华东师范大学	同济大学	复旦大学
华东理工大学		—	5		
上海大学			5		
上海英波声学工程技术有限公司				5	
上海中耀环保实业（启东）有限公司				6	
上海镓铟光电科技有限公司					6
上海市计划生育科学研究所					6

二 以高校为主体的产学研专利合作网络研究

首先，将上面得到的数据进行矩阵变换，得到以高校为主体的产学研专利合作对称矩阵，将该矩阵表导入 UCINET 6.1 分析工具进行数据分析，并利用可视化分析工具 NetDraw 构建以高校为主体的产学研专利合作网络（见图 5 - 5），图中节点代表专利合作主体，节点的大小反映主体间专利合作的数量，两节点间的连线粗细代表节点间合作强度，箭头表示专利合作方向。

从图 5 - 5 可以看出，上海交通大学、华东理工大学、同济大学、东华大学、复旦大学、上海大学等与研究机构或公司的专利合作较多，华东师范大学、上海理工大学、上海师范大学、上海工程技术大学、上海海事大学等与研究机构或公司的专利合作相对较少，合作网络点较为分散。同时，2010～2014 年，高校与研究机构或公司的专利合作网络链较短，大多为两两机构间的合作，专利合作主体在 3 个以上的相对较少，从而可以看出，高校作为专利创新的产出主体，直接与公司合作将研究转化为成果，产学研一体化的进程较快。但也应看出，这种产学研合作不利于技术的深度创新和

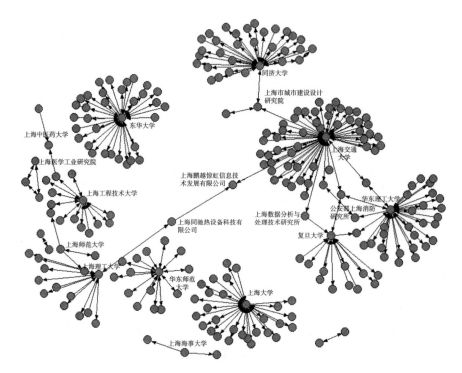

图 5 - 5 上海市高校和高校、高校和研究机构、高校和公司专利合作网络

应用。上海市城市建设设计研究院、上海数据分析与处理技术研究所、公安部上海消防研究所、上海医学工业研究院、上海鹏越惊虹信息技术发展有限公司等作为沟通高校与高校、高校与公司的重要通道,拓展了专利合作网络,是推动中心城市技术进步和深度创新合作的重要载体。

从图 5 - 5 还可以看出,高校与高校间没有形成较为明显的专利合作网络,说明高校间的专利合作相对较少,这也是专利合作网络较为分散的重要原因。

三 以研究机构为主体的产学研专利合作网络研究

首先,将上面得到的数据进行矩阵变换,得到以研究机构为主体的产学研专利合作对称矩阵。将该矩阵表导入 UCINET 6.1 分析工具进行数据分析，并利用可视化分析工具 NetDraw 构建以研究机构为主体的产学研专利合作网络（见图 5－6），图中节点代表专利合作主体，节点的大小反映主体间专利合作的数量，两节点间连线的粗细代表节点间合作强度，箭头表示专利合作方向。

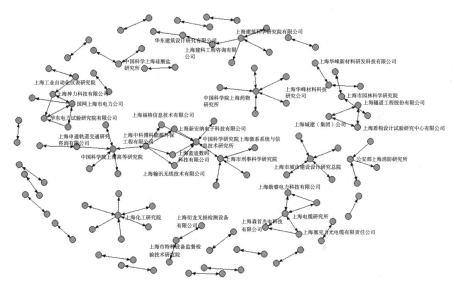

图 5－6　上海市研究机构和高校、研究机构和研究机构、研究机构和公司专利合作网络

从图 5－6 可以看出，以研究机构为主体的产学研专利合作网络较为分散，具有较为明显的合作链短、合作主体较少等特征。其中，上海建筑科学研究院有限公司、中国科学院上海药物研究所、上海市园林科学研究院、上海刑事科学研究院、上海市城市建设设计研究总院、中国科学院上海高等研究院、国网上海市电力公司等是主网络的局部节点。专利合作大多集中在两个单位之间，合作链较短，没有形成较为集中的网络组织，与图 5－5 相比，具有较为明显的分散性，说明研究机构在专利合作方面的成果较少。同时，本部分的研究机构大多选择与公司进行合作，研究机构间的合作较少。

四 上海市产学研专利合作网络总体情况

将上海市高校与高校、高校与研究机构、高校与公司、研究机构与公司等不同主体间的专利合作数据进行汇总，可得上海市 2010～2014 年产学研专利合作的整体情况，将这些数据整理成矩阵形式，并将得到矩阵表导入 UCINET 6.1 分析工具进行数据分析，并利用可视化分析工具 NetDraw 构建上海市产学研专利合作网络图（见图 5 -7）。

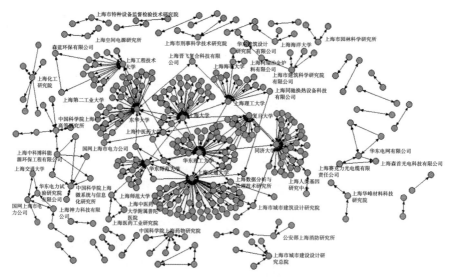

图 5 -7　上海市产学研专利合作网络

从图 5 -7 可以看出，上海市产学研专利合作网络较为密集，整个网络不存在核心中心点，但存在较多个局部中心点，其中高校成为局部中心点的核心，研究机构和公司则分散在中心点的外围，网络整体较为密集。在局部中心点中，上海工程技术大学、上海大学、上海理工大学、东华大学、华东理工大学、华东师范大学、上海交通大学、同济大学等为局部中心点，研究机构或公司与这些高校的专利合作量较多，但专利合作大多存在于两个机构之间，合作链较短。

从图 5 -7 可以看出，研究机构普遍处于产学研专利合作网络的外围，一方面是由于研究机构与高校或公司的专利合作数量较少；另一方面是由于研究机构或公司间的相互合作较少，在图 5-7 中表现为专利合作链较短。其中，外围的局部中心点主要为上海化工研究院、中国科学院上海高等研究所、华东电力试验研究院有限公司、国网上海市电力公司等。上海市产学研专利合作网络的中心点间的联系以公司为主，如上海晋飞复合科技有限公司与东华大学和上海理工大学都有合作，上海中医药大学附属普陀医院与上海医药工业研究院和上海师范大学都有合作。

第六节　本章小结

本部分从高校与高校、高校与企业、高校与研究机构专利合作的角度对我国中心城市产学研创新合作进行了研究，主要研究结论如下。

第一，从中心城市产学研创新合作现状来看，目前我国中心城市产学研专利合作呈现出较为明显的不均衡性，合作数量较多的城市主要为北京、上海等东部城市，西部和中部城市产学研专利合作数量较少，长春和沈阳两个城市的产学研专利合作数量最少，这与每个城市的高校数量及高校的科研能力有很大的关系。从申请专利合作的主体来看，高校与公司的专利合作申请量远高于高校与高校、高校与研究机构专利合作申请量。

第二，从中心城市产学研合作申请的 IPC 分类来看，中心城市产学研专利合作申请主要集中在 C 部（化学、冶金）、G 部（物理）和 H 部（电学），D 部（纺织、造纸）和 E 部（固定建筑物）专利合作申请较少。各部类专利合作数量均呈现增长趋势，但 H 部（电学）和 G 部（物理）的专利合作上升趋势更为明显。

第三，从中心城市产学研专利合作网络密度演变分析中可以看出，中心城市的专利合作网络的密度值均呈明显的下降趋势，这表明中心城市产学研专利合作网络属于关系比较稀疏的网络。从网络的中心度和中心势来看，中心城市的产学研专利合作更多地呈现出一种"对角匹配成长"的状态，整个网络并不存在中心点，但是网络存在局部中心点，随着年份的增长局部中心点也在不断地发生变化，A 部专利合作网络的中心势与其他部相比较低，B 部与 C 部的专利合作网络中心势随着网络规模的增大而降低，D 部专利合作网络中心势相对其他部较高，其内聚性较高。中心城市 E 部、F 部、G 部、H 部的专利合作网络中心势则呈现出较为分散的状态。

第四，从中心城市产学研专利合作网络中可以看出，1998～2013年，中心城市产学研专利合作的节点数不断增加，随着节点数的增加，节点间关系越来越紧密，网络密度也不断提高，网络逐渐呈现出"小世界"特性，新成员的加入在为合作网络带来异质性资源和创新动力的同时，也使得网络的关联程度不断增强。

第五，从中心城市内部专利合作网络来看，根据中心城市产学研专利合作申请量与内部合作比例，可以分为内部合作比例始终高于50％的城市、始终低于 50％的城市、内部合作比例由高于 50％到低于 50％变化的城市三种类型，不同类型的城市专利合作受知识、科技的影响程度不同。

第六，北京、上海和深圳是目前中心城市专利合作网络的核心城市，且体现出不同的合作模式和网络特征，北京依托自身所拥有的大量高等学校和科研院所，形成了较强的区域性辐射能力，尤其是在华北地区，其内部创新主体的合作比较活跃；上海则依托华东地区尤其是苏南、浙江沿海地区，采取一种市场化背景下高等学校、科研院所和企业专利合作的综合模式；而深圳则立足科技创新产业化。

第七，清华大学是少数开展国际专利创新研发合作的高校主体，先后和松下环境工程株式会社、日本罗姆公司、美国波音公司、美国联合技术公司、加利福尼亚大学、罗伯特·博世有限公司、德国 ACS 农业化学系统 GMBH 公司、尤米科尔公司、美国路易斯安那州立大学、皇家飞利浦电子股份有限公司等多个国外研究机构开展了专利合作，而这恰恰是上海高校和研究机构所缺乏的。此外，广东高校与香港、台湾高校和研究机构之间存在创新合作关系，如中山大学与香港科技大学和工业技术研究院、华南理工大学和香港城市大学等。

第八，主体类型和专业学科特征对不同主体之间的专利合作具有较多影响，如北京科技大学和东北大学之间的合作相对较多，这与两校在钢铁冶金专业相似的传统学科特征直接相关，北京科技大学与河北尤其是与河北钢铁集团矿业有限公司、河北钢铁集团有限公司之间的专利合作在"十一五"以后迅速增多，这与河北钢铁产业迅速发展密切相关。北京邮电大学早期约80%的专利合作是集中在与深圳方面的合作，在北京的约有10%，之后无锡以物联网为代表的信息技术产业发展提速，北京邮电大学与其合作也快速增多。

第九，从本章研究和第四章的研究结论分析来看，专利合作存在"就近原则"，这一点在中西部地区表现也比较明显，如湖南大学与周边地区大学和研究机构之间的合作就较多，湖南大学和贵州大学、广西电网公司电力科学研究院开展了较多的专利合作，同时，也与云南电力试验研究院、上汽通用五菱汽车股份有限公司开展了专利合作；中南大学则与攀枝花钢铁有限责任公司钢铁研究院、涟源钢铁集团有限公司开展了专利合作。

第十，除了类似东北大学和北京科技大学之间由于地缘亲近、专业相近而开展较多专利合作之外，城市专利创新还存在于同类别高校之间的合作，例如上海交通大学和西安交通大学"交通系"高校之间的合作。一个值得注意的现象是国防科学技术大学的专利合作具有一定的"内部化"合作特征，如其与同样具备军工背景的哈尔滨工业大学在网络安全和电子系统领域的专利合作接近40件。中国科学技大学与工业和信息化部电信传输研究所之间存在非常紧密的专利合作关系，在中国科学技术大学苏州研究院成立之后，其与苏州的专利合作迅速增加。

第十一，深圳在我国城市创新合作体系中将发挥更加重要的作用，其创新体系具有鲜明的市场化、产业化特征，在平台打造和平台要素集聚方面尤为突出。深圳自 20 世纪 90 年代开始就与北京大学、清华大学、厦门大学、武汉大学、南京大学、哈尔滨工业大学和香港理工大学等建立联合研究院，这些联合创新平台为深圳高新技术产业发展提供了强有力的创新支撑。与深圳相似的还有东莞和苏州，东莞组建了东莞上海大学纳米技术研究院，之后东莞与上海大学之间的专利合作迅速增多，苏州则组建了武汉大学苏州研究院、西安交通大学苏州研究院等（见图 5－8），类似创新平台的搭建对上述三个城市开展专利合作起到了非常明显的推进作用。因此，引进和搭建创新平台，对于欠发达、后发展尤其是科技创新能力先天不足的城市而言，具有非常重要的启示。

第十二，从以上海市为例的中心城市内部产学研专利合作研究来看，上海产学研专利合作网络以高校为主，高校与公司间的合作构成专利合作网络的主体，特别是上海交通大学、同济大学、东华大学等在上海市产学研专利合作网络中占有重要地位。但高校与公司间的合作普遍存在合作链较短的问题，合作仅限于两个机构间。从以研究机构为主体的产学研专利合作网络可以看出，研究机构与公司、高校间的合作数量相对较少，合作网络链较短，没有形成较为明显的网络链。总体来看，上海市产学研专利合作数量较多，不同机构间展开了较为丰富的合作，合作网络图的密度较大，相互联系较为紧密，高校是产学研专利合作网络的局部中心点，研究机构则是外围的局部中心点。

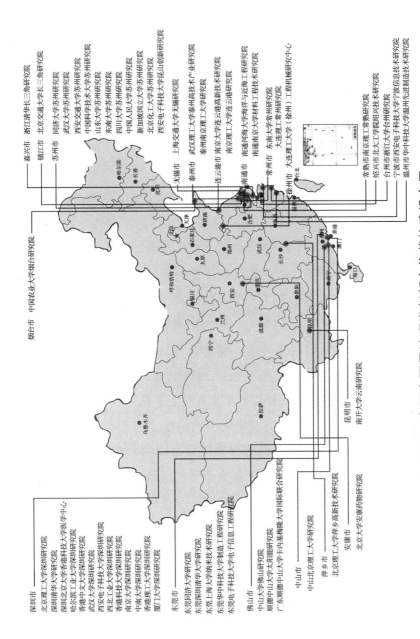

图 5-8　全国主要异地研发创新合作载体建设布局

第六章
中心城市新兴技术储备及专利合作
网络研究：以机器人为例

在新一轮科技革命和产业变革背景下，抓住新兴技术领域对于城市占据技术和产业制高点具有战略性意义。机器人整合了电子信息、新材料、高端制造等多个领域的相关技术，是典型的战略性新兴产业。国际上认为，机器人是"制造业皇冠顶端的明珠"，其研发、制造、应用是衡量一个国家科技创新和高端制造业水平的重要标准（黄慧群、黄阳华，2014；习近平，2014）。"机器人革命"有望成为第三次工业革命的切入点和重要增长点之一，将影响全球制造业格局。我国的机器人技术研究起步较晚，始于20世纪70年代末，在20世纪80年代实施的"863"计划将机器人技术作为重要发展主题以后，该领域得到了迅速发展，但整体上与发达国家相比仍有一定的差距（黄超、刘琼泽，2012）。目前，美国、日本、欧洲、韩国以及我国台湾地区等都制定了机器人产业发展规划，竞相将机器人产业作为未来重点发展的新兴产业，我国也将成为全球最大的机器人市场①。

---

① 国际机器人联合会预测，"机器人革命"将创造数万亿美元的市场。以机器人为代表的高端装备制造业是装备制造业的核心，是衡量一个国家产业核心竞争力的重要标志。我国的机器人产业起步较晚，必须加速推进，努力跟上全球新一轮科技革命和产业变革的步伐。当前，我国机器人产业进入快速发展阶段，继2013年成为全球最大的机器人市场后，2014年我国机器人销量达到4.5万台。其中，国产工业机器人销售总量超过12000台，产值约140亿元，相关配套产值为450亿~500亿元。未来5~10年，我国机器人市场年均增速可能达到50%。

因此，本部分以机器人为例对城际机器人领域的知识储备进行研究，重点就我国机器人专利合作的区域及城际特征、机器人创新合作网络进行研究，以期得出我国主要城市机器人创新合作的现状及基本特征等。

本部分的具体内容安排如下。

第一节，本部分的数据来源与数据检索方法。

第二节和第三节，对机器人新兴技术领域知识储备所涉及的知识期刊分布、研究机构分布、研究类型分布、研究平台分布、研究主体分布等进行具体研究。

第四节，利用专利管理图等分析方法，对我国机器人专利创新的区域和城际分布进行分析，包括主要城市机器人发明专利申请类别及结构，机器人专利相对产出指数和研究热点等。

第五节，在前述研究基础上，进一步引入空间分析模型，对我国主要城市机器专利合作网络关系和合作主体进行分析。

第六节为本章小结。

第一节　数据来源与检索方法

本部分有关机器人领域的文献数据来自中国知网，在期刊文献分类目录中选择工科科技Ⅱ中自动化子目录的机器人作为分类标准。由于文章的质量是衡量研究成果水平的重要标准，因此在数据收集过程中选择核心期刊、SCI、EI、CSSCI作为期刊来源。在时间上重点收集2010~2013年的文献数据，以便更好地体现最新研究成果和知识储备①。

---

① 与知识储备关联较多的是"知识存量"（Knowledge Stock）概念，知识存量是基于投入和产出角度进行的测衡，无论从哪个角度，都不影响研究的科学性和结论的一致性（Paba，2002）。投入法主要从科技文献（论文数）、专利和默会知识等方面出发。Romer（1990）提出了内生经济增长模型，认为既有的知识存量对于正在开展的研发活动有重要影响，一方面，过去的发现可（转下页注）

本部分有关机器人领域的专利数据源于中国知识产权局专利信息网的专利检索平台。IPC 检索法的一个明显缺点就在于分类号的确定往往存在较大分歧，而且容易造成遗漏，如果按照 IPC 分类检索的话，检索出的结果容易出现混乱，而且在检索结果中，发现申请人极度分散，难以体现研究和检索的基本目的。因此，在开展专利技术分析尤其是行业专利技术分析时，学者们通常将 IPC 检索法和关键词检索法结合使用。本部分的专利检索主要以专利申请"关键词"与"IPC 分类号"相结合的方式进行（Pikington, 2002；Wang and Duan, 2011）。由于机器人专利领域涉及广泛，过于分散的专利检索不利于研究结果的得出，如"指向装置"有230条，存在不同领域过多交叉的问题，在光学成像领域应用也较多，"夹取装置"有98条，相对较少。此外，还有焊接装置、关节装置、并联装置（机构）、拾取装置、把持装置、机械夹手等80余个检索词条。

本部分检索的关键词为"机器人 or 机械手 or 机械臂"[①]，并采取布尔逻辑组合检索，在组合式之间通过过滤检索去重，最后针对检索到的原始数据采取人工过滤的方法得到本部分的检索数据。为避免重复检索和缺失检索，以机器人领域 IPC 技术类别中最关键的 B25J 为例，1985 年 1 月 1 日至 2013 年 12 月 31 日，B25J 专利申请共涉及16987 项。其中，专利名称包含"机器人"的为 6638 项，专利名称包含"机械手"（含机器手）的为 3972 项，专利名称包含"机械臂"的为 548 项，上述三项共 11158 项，占总量的 65.7%，总体而言，能够代表该项技术类别的技术导向。

（接上页注①）能提供思想和工具，从而使将来的新发现更加容易；另一方面，最先得到的发现可能是最容易的，因此知识存量越大，得到新发现越难。

① 从目前来看，机械臂在机器人专利和应用中依然具有重要的地位，一条机械臂的产出相当于 12~14 位工人，成本回收期为 2~3 年。

本部分的专利数据检索时间为 1985 年 1 月 1 日至 2013 年 12 月
31 日，即检索时间为 "19850101：20131231"，检索以申请日为准，
经过检索得到发明申请总量 15316 项，其中公开发明专利为 8997 项，
实用新型专利为 5505 项，外观设计专利为 814 项。因此，本部分主
要以发明专利和实用新型专利为检索对象。

第二节　机器人产业发展及其专利研究

机器人技术是典型的集材料、机械、电子、自动化、网络、信
息和服务等前沿高技术于一身的技术，一个国家的机器人技术发展
水平直接反映了这个国家的综合实力。随着全球制造业发展格局的
重塑，机器人将与人工智能、数字制造技术一起，成为推动制造业
升级的重要因素。目前，我国机器人制造行业的总体技术水平普遍
偏低，大多数仍停留在仿制和拼装阶段，具有自主研发能力的企业
不多，竞争力不强，以"四大家族"（瑞士 ABB、日本发那科、日
本安川和德国库卡）为代表的国外公司占据了中国机器人市场 80%
的份额，而中国近 500 家企业仅占 20% 的份额①。未来，我国工业
机器人行业面临市场需求大幅扩张的战略性机遇。目前，我国工业机
器人的拥有量不足全球总量的 1%，国产工业机器人约占 30%，其余
从日本、美国、瑞典、德国、意大利等 20 多个国家引进。其原因在
于技术创新能力薄弱，在新型传感、先进控制等核心技术领域受制于

---

① 目前，我国机器人中高端的伺服机、控制器、减速器等核心零部件基本依赖进
口，由于多个核心部门被国外掌握，国内机器人制造业在最关键的领域尚不具
备技术研发优势，进而失去了机会成本优势，机器人产业发展处于被动状态。
根据科技部的数据，我国接受政府补贴的机器人相关企业已经从 2012 年的 200
家激增至 2015 年年初的 815 家。

人①。就机器人产业发展前景尤其是 2013 年以来国内兴起的"机器换人"运动而言，传统的观点认为，在没有重大技术突破的情况下，机器人是难以取代人类从事必须依靠精巧双手才能完成的工作，如组装手机等。但从国内外机器人发展最新趋势来看，适用于长期不受机器人影响的消费电子行业的机器人流水线将可能在未来 5 年得到迅速发展，如 ABB 的双臂协作机器人 Yumi 的设计诞生就是为了进入 3C 行业（电脑、通信和消费电子）。到 2025 年，国内将新增 200 万台机器人，按照 5∶1（甚至更高）的人机替代率，届时将有至少 1000 万个就业岗位被机器人所替代和控制。机器人是中国制造走向高端的重要入口，在人口红利不断缩减的背景下，"机器换人"将是长期趋势。

近年来尤其是 2010 年以来，国内学者开展了有关机器人专利问题的研究。黄超等（2012）对近 20 年机器人产业技术的专利申请量、学科类别分布、专利权人分布、专利国家分布、产学研合作水平等进行了专利 IPC 等分析，其中从机器人技术的产学研合作来看，我国高校拥有的机器人专利比重最高，达到了 56.40%，表明我国机器人技术大多停留在实验室阶段，企业研发能力较弱，高校的技术成果未能有效向企业转移。而日本、美国、韩国和德国等国家均只有少部分的机器人专利由高校掌握，尤其是日本和德国，高校只掌握不足 3% 的机器人专利，企业是其机器人研发的主体。王健、张韵君（2014）通过专利分析概念模式对机器人及其主要子技术的发展方向、发展水平和发展潜力进行了研究。研究表明，当前我国机器人整体技术处于成长期，但主要技术还存在明显差距，如机械

---

① 世界最大的机器人展览——Automatica 2014 于 2014 年 6 月 3 日至 6 日在德国慕尼黑举行，根据主办方数据，从每万名制造工人使用机器人的数量来看，韩国、日本、德国名列前三。韩国以每万名制造工人使用 396 个机器人位居榜首，而中国仅有 23 个机器人，排在泰国、新西兰、马来西亚之后。参见《我国工业机器人使用率低》，《文汇报》2013 年 3 月 21 日，第 7 版。

手技术处于成长期的前期阶段，非电变量的控制或调解系统技术刚刚进入成长期，一般的控制或调解系统技术正处于成长期。企业、高校以及科研院所应当积极抓住发展契机，开展联合攻关，实现机器人关键技术的重大突破。

第三节　城际机器人领域知识储备的文献计量研究

在第三次工业革命背景下，新兴技术领域的知识储备对于城市能否抓住制造业变革机遇具有重要意义。一个拥有足够知识储备的城市，更可能具备将知识转换为技术创新成果的基本前提。本部分提出了"新兴技术知识储备"的概念，并以"4 + 15 + 1"城市体系中各中心城市的高校、科研院所以及企业等公开发表的研究文献为依据，相关文献主要来源包括 SCI 期刊、EI 期刊和 CSSCI 期刊等，通过对这20个中心城市在机器人领域知识储备的研究分析发现，北京、上海、哈尔滨等城市在论文发表数量、研究机构、研究平台、机器人开发种类等方面具有绝对领先优势，而高校则是我国机器人领域知识储备的关键载体。

一　期刊分布

期刊是学术研究成果和知识贡献的集聚载体，不同城市发表在期刊上的研究成果能够充分体现一个城市在相关领域的知识储备水平和研究开发的潜在能力。2010～2013 年，20 个中心城市共发表有关机器人领域的研究成果 3421.5 篇[1]，其中北京的期刊数量历年均位列第一，哈尔滨位居第二，上海在 2012 年与南京以 0.5 之差位

---

[1]　在统计期刊数量时，如果是多个作者共同完成，第一作者记为 0.5 篇，第二作者记为 0.3 篇，第三作者记为 0.2 篇。

居第四,其余三年都位居第三。南京、广州、沈阳、杭州、天津、长沙、西安、武汉、重庆等城市4年累计论文发表数量均为100篇以上,济南、大连、成都、青岛、深圳、宁波、厦门等城市均低于100篇,其中青岛、深圳、宁波和厦门低于50篇,厦门仅为15篇(见表6-1)。

从地区分类来看,直辖市领先于其他5个地区,共发表1213篇期刊论文,东北地区以826.5篇位居第二,华东地区以610篇排名第三,而华南地区、华中地区和西部地区分别以303.5、250、182.5篇居后。

从论文发表时间来看,2010～2013年,20个中心城市的期刊论文发表数量略有波动,2010年发表数量最多,占四年期刊论文发表总数的27.6%,2011年发表数量占比下降至25%,2012年是4年中论文发表数量占比最低的一年,仅占20.3%,2013年论文发表数量占比回升至27%。

表6-1 2010～2013年我国20个中心城市机器人领域论文发表数量

单位:篇

地区	地区合计	城市	2010年	排名	2011年	排名	2012年	排名	2013年	排名	合计	排名
直辖市	1213	北京	203	1	153	1	120	1	155	1	631	1
		上海	105.5	3	90.5	3	67	4	86	3	349	3
		天津	32.5	9	39	7	20	13	37	9	129	8
		重庆	28	10	27.5	12	27	8	21.5	13	104	12
东北地区	862.5	沈阳	43	7	49	6	61.5	5	79.5	6	233	6
		大连	14	16	21.5	14	8	16	19.5	14	63	15
		哈尔滨	158.5	2	131	2	88	2	117	2	494.5	2
		长春	17	13	12.5	17	18.5	14	24	12	72	14

续表

地区	地区合计	城市	2010 年	排名	2011 年	排名	2012 年	排名	2013 年	排名	合计	排名
华东地区	610	南京	93.5	4	70	4	67.5	3	82.5	5	314	4
		杭州	43	8	38	8	42	7	31	10	154	7
		宁波	1.5	20	5	18	11	15	5	19	22.5	19
		济南	10	17	25.5	13	20.5	17	17	13	73	13
		青岛	17	14	13	16	7.5	17	9	18	46.5	17
华南地区	303.5	广州	45	6	58	5	61.5	6	84.5	4	249	5
		深圳	6.5	19	5	19	2.5	11	25.5	18	39.5	18
		厦门	7	18	4	20	2	20	2	20	15	20
华中地区	250	武汉	23	12	29.5	11	22	10	47.5	7	122	11
		长沙	57.5	5	32	10	21	11	17.5	16	128	9
西部地区	182.5	西安	24	11	33	9	22.5	12	44.5	8	124	10
		成都	15	15	19.5	15	5.5	18	18.5	15	58.5	16
合计	3421.5		944.5		856.5		695.5		924		3421.5	

二 研究机构分析

目前，我国 20 个中心城市共有 101 个研究机构长期从事或开展涉及机器人领域的基础研究与生产开发。北京作为全国的经济中心和科技教育中心，所拥有的相关研究机构数量最多，为 15 个，上海则拥有 11 个相关研究机构，天津、重庆、南京、哈尔滨、深圳、西安、成都 7 个城市机器人领域的研究机构数量为 5 ~ 8 个，其他中心城市均低于 5 个，济南仅有 1 个。从研究机构的地区分布来看，直辖市所拥有研究机构数量占 20 个中心城市研究机构总数的 35.6%，位列第一；东北地区占总数的 17.8%，位列第二；华东地区、西部地区和华南地区分别以 16.8%、13.9% 和 11.9% 居后；华中地区以 4% 居末位（见表 6-2）。

表 6 – 2　我国 20 个中心城市机器人领域研究机构

单位：个，%

地区	地区合计	比例	城市	机构数	城市排名
直辖市	36	35.6	北京	15	1
			上海	11	2
			天津	5	8
			重庆	5	8
东北地区	18	17.8	沈阳	4	10
			大连	3	12
			哈尔滨	8	3
			长春	3	12
华东地区	17	16.8	南京	7	4
			杭州	2	16
			宁波	4	10
			济南	1	20
			青岛	3	12
华南地区	12	11.9	广州	3	12
			深圳	7	4
			厦门	2	16
华中地区	4	4	武汉	2	16
			长沙	2	16
西部地区	14	13.9	西安	7	4
			成都	7	4
合计	101	100		101	

三　研究类型分析

从机器人研究类型来看，机器人主要涉及农业机器人、服务机器人、军事机器人、仿生机器人、医疗机器人、海洋（水下）机器人、工业机器人、特殊用途机器人 8 种类型。北京、哈尔滨均对这 8 种机器人开展了研究；南京对除了军事机器人之外的其他 7 种机器人类型均有不同程度的涉及；上海除了农业机器人和军事机器人之外对其他 6 种机器人亦有不同程度的研究；其他城市涉及的研究类型相对较少，为 3 ~ 6 种；厦门的涉及种类最少，仅为 1 种。此外，在涉及种类方面，北京、哈尔滨、上海和南京所涉及的种类较多，分别为 48 个、24 个、20 个和 19 个。

表 6 – 3　我国 20 个中心城市机器人研究类型及涉及种类

单位：个

地区	类型\城市	农业机器人	服务机器人	军事机器人	仿生机器人	医疗机器人	海洋机器人	工业机器人	特殊用途机器人	合计
直辖市	北京	7	4	3	13	4	1	6	10	48
	上海	0	3	0	4	5	1	2	5	20
	天津	0	0	0	1	4	0	2	1	8
	重庆	0	0	0	0	2	0	1	3	6
东北地区	沈阳	0	0	0	2	2	1	3	1	9
	大连	0	1	0	3	1	0	1	1	7
	哈尔滨	1	2	2	6	5	2	3	3	24
	长春	0	1	0	2	2	0	1	1	7
华东地区	南京	3	3	0	4	2	1	1	5	19
	杭州	1	1	0	1	0	1	0	1	5
	宁波	0	0	0	1	1	0	0	1	3
	济南	0	3	0	1	2	0	1	3	10
	青岛	0	0	0	1	0	2	1	3	7
华南地区	广州	2	1	1	4	0	1	0	3	12
	深圳	0	0	1	1	2	0	1	0	5
	厦门	0	0	0	0	0	0	0	1	1

续表

地区	类型 城市	农业 机器人	服务 机器人	军事 机器人	仿生 机器人	医疗 机器人	海洋 机器人	工业 机器人	特殊用 途机器人	合计
华中 地区	武汉	0	0	0	1	1	1	2	2	7
	长沙	3	0	0	1	1	1	2	2	10
西部 地区	西安	0	2	1	5	1	0	0	1	10
	成都	1	2	0	0	3	0	1	0	7
合计		18	23	8	50	38	11	30	47	

四 研究平台分析

研究平台是指城市在研究机器人方面所能够运用的国家级或省部级研究平台，主要包括各类实验室（试验室）、研究中心、工程中心等。目前，20 个中心城市的 114 个研究平台长期从事或开展涉及机器人领域的基础研究与生产开发。北京以 24 个研究平台领跑 19 个中心城市；上海以 18 个位居第二；南京排名第三，拥有 8 个研究平台；天津、杭州和广州并列第四，有 7 个研究平台；济南、武汉和西安并列第七，拥有 6 个研究平台；其余 11 个中心城市的研究平台均少于 5 个；宁波和厦门尚未拥有国家级或省部级研究平台（见表 6 - 4）。研究实力很强的哈尔滨仅拥有 4 个研究平台，一方面表明研究产出效率较高，另一方面也表明研究外溢性较弱。

从地区来看，直辖市研究平台占 20 个中心城市研究平台总数的 46.5%；第二是华东地区，为 20.2%；第三是东北地区，为 12.3%；第四是华中地区，为 7.9%；华南地区以 7% 位居第五；西部地区最低，为 6.1%。直辖市平均每个城市拥有研究平台 13.25 个，华东地区为 4.6 个，华中地区为 4.5 个，东北地区为 3.5 个，西部地区为 3.5 个，华南地区为 2.7 个。无论是从地区总数还是从地区平均数来看，直辖市都领先于其他地区。

从研究平台的层次来看，我国 20 个中心城市省部级平台共 77 个，占研究平台总数的 67.5%；国家级平台共 37 个，占研究平台总数的 32.5%；北京、上海分别拥有 9 个和 5 个国家级的研究平台。

表 6－4　我国 20 个中心城市机器人领域研究平台分布

单位：个,%

地区	地区合计	比例	城市	国家级平台	省部级平台	城市合计
直辖市	53	46.5	北京	9	15	24
			上海	5	13	18
			天津	1	6	7
			重庆	2	2	4
东北地区	14	12.3	沈阳	2	1	3
			大连	2	2	4
			哈尔滨	3	1	4
			长春	2	1	3
华东地区	23	20.2	南京	1	7	8
			杭州	3	4	7
			宁波	0	0	0
			济南	2	4	6
			青岛	0	2	2
华南地区	8	7.0	广州	0	7	7
			深圳	0	1	1
			厦门	0	0	0
华中地区	9	7.9	武汉	2	4	6
			长沙	2	1	3
西部地区	7	6.1	西安	1	5	6
			成都	0	1	1
合计	114	100		37	77	114
所占比例				32.5	67.5	100

五 研究主体分析

从机器人领域研究主体的构成来看，20 个中心城市之间存在一定的差距，但总体上表现一致，即高校是当前机器人研究领域知识储备的核心主体。北京则有所不同，科研院所在机器人研究领域中数量相对较多。

从表 6-5 可以看出，20 个中心城市中高校占全部研究主体数量的 63.4%，科研院所占 26.7%，而企业仅占 9.9%。从地区来看，直辖市以 36 个的绝对优势在研究主体数量方面领先。东北地区以 18 个研究主体数量位居第二，华东地区紧随其后，华中地区最低，仅有 4 个研究主体。总体来看，企业研究主体占比普遍较低，这与企业更加侧重生产开发有一定的关系。

表 6-5 我国 20 个中心城市机器人领域研究主体构成

单位：个，%

地区	地区合计	研究主体／城市	高校	科研院所	企业	合计
直辖市	36	北京	4	10	1	15
		上海	7	2	2	11
		天津	4	1	0	5
		重庆	5	0	0	5
东北地区	18	沈阳	2	1	1	4
		大连	3	0	0	3
		哈尔滨	7	0	1	8
		长春	2	1	0	3
华东地区	17	南京	7	0	0	7
		杭州	2	0	0	2
		宁波	0	3	1	4
		济南	0	1	0	1
		青岛	3	0	0	3

续表

地区	地区合计	研究主体 城市	高校	科研院所	企业	合计
华南地区	12	广州	3	0	0	3
		深圳	2	4	1	7
		厦门	2	0	0	2
华中地区	4	武汉	1	0	1	2
		长沙	2	0	0	2
西部地区	14	西安	5	1	1	7
		成都	3	3	1	7
合计	101		64	27	10	101
比例			63.4	26.7	9.9	

从三类研究主体来看，在机器人领域的期刊论文发表数量居前 10 位的绝大部分是高校，并主要集中在北京、哈尔滨、上海、南京、沈阳、广州和杭州 7 个城市（见表 6 - 6）。

表 6 - 6　前 10 名研究主体期刊论文发表数量

单位：篇

排名	机构	主体类型	期刊论文发表数量
1	哈尔滨工业大学	高校	277.5
2	华南理工大学	高校	163
3	中国科学院沈阳自动化研究所	科研院所	161.5
4	哈尔滨工程大学	高校	157
5	上海交通大学	高校	140
6	北京航空航天大学	高校	123
7	北京工业大学	高校	103.5
8	东南大学	高校	89.5
9	南京航空航天大学	高校	76
10	浙江大学	高校	72.5

第四节　中心城市机器人专利创新比较分析

一　机器人专利管理图分析

机器人领域是未来引领工业和制造业技术变革的重要引擎，发达国家或地区给予了极高度的重视。我国早在 20 世纪 80 年代开始的 "863" 计划中就将机器人作为重点项目，经过近 30 年发展，我国的机器人制造和研发取得了重要进展，各地纷纷布局机器人产业，机器人专利申请量也如雨后春笋般增长，表 6 - 7 给出了各地机器人专利申请状况，从表 6 - 7 可以看出各地机器人专利及机器人产业发展的总体情况。

表 6 - 7　我国各省、自治区、直辖市机器人专利申请量

单位：件

省份	数量	排名	省份	数量	排名	省份	数量	排名
江苏	3356	1	湖北	471	12	江西	90	23
广东	3040	2	四川	466	13	云南	65	24
北京	2412	3	陕西	456	14	内蒙古	61	25
上海	2021	4	河北	412	15	甘肃	46	26
浙江	1953	5	河南	350	16	宁夏	22	27
山东	1328	6	重庆	305	17	新疆	22	27
辽宁	1097	7	福建	263	18	贵州	19	29
黑龙江	874	8	广西	229	19	海南	6	30
天津	770	9	吉林	188	20	青海	4	31
安徽	608	10	台湾	153	21	西藏	0	32
湖南	486	11	山西	97	22			

资料来源：国家知识产权局专利检索网站，http://www.sipo.gov.cn。

从表 6 - 7 可以看出，机器人专利申请量最多的为江苏，机器人专利申请量超过 3000 件的地区有两个，分别为江苏和广东，其专利

申请量分别为 3356 件和 3040 件；排前 5 位的依次为江苏、广东、北京、上海、浙江，这 5 个省份全部集中在东部地区。而机器人专利申请量较靠后的主要为云南、内蒙古、甘肃、宁夏、新疆、贵州、海南、青海、西藏等，除海南外这些省份均位于西部地区，从中可以看出，我国机器人专利申请量存在明显的空间集聚效应，但这种空间集聚效应也在一定程度上佐证了之前章节研究所得出的专利合作创新"就近原则"，以及专利合作网络中心集聚的基本特征。

　　按照我国的区域划分，将各地的机器人专利申请量进行加总计算，得出了我国不同区域①的机器人专利申请状况（见图 6-1）。可以看出，我国机器人专利申请主要集中在华东地区，华北地区和华南地区差距较小，东北地区虽然只有三个省，但机器人专利申请量超过2000 件，达到了 2159 件，华中地区机器人专利申请量相对较少，西南地区和西北地区最少。总体来看，我国机器人专利申请量在区域层面呈现出较为明显的空间集聚趋势，未来机器人产业的专利创新基地将在华东地区，西北、西南和华中等地区仅是机器人产业应用推广基地，不适宜大规模布局机器人生产，这对各地开展规划编制工作具有很大的实践启示意义②。

---

①　按照地理大区将我国划分为东北地区、华北地区、华东地区、华中地区、华南地区、西南地区、西北地区，其中东北地区包括黑龙江省、吉林省、辽宁省；华北地区包括河北省、山西省、内蒙古自治区、北京市、天津市；华东地区包括上海市、山东省、江苏省、浙江省、福建省、安徽省、江西省、台湾省；华中地区包括河南省、湖北省、湖南省；华南地区包括广东省、海南省、广西壮族自治区（该地区缺少澳门和香港的数据）；西南地区包括四川省、云南省、贵州省、西藏自治区和重庆市；西北地区包括陕西省、甘肃省、青海省、宁夏回族自治区和新疆维吾尔自治区。

②　本书在研究过程中选取全国 31 个省（区、市）和 15 个副省级城市 2015 年政府工作报告进行了梳理分析，目前，已经布局机器人产业项目的有天津、上海、重庆、安徽、广东、湖北、辽宁、黑龙江等地。其中，重庆提出建立（转下页注）

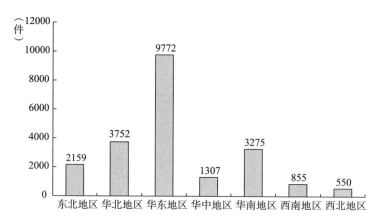

图 6-1 我国不同区域机器人专利申请状况

本部分主要针对 20 个中心城市及合肥进行相关专利合作研究，而在进行有关机器人专利创新数据检索的过程中，我们发现除了上述 21 个城市之外，河北秦皇岛，江苏苏州、无锡、镇江、常州，广东东莞均在机器人专利研究领域有较多创新，尤其是苏州，其机器人领域的专利创新总量已经超过了很多中心城市，且仅次于北京和上海，

（接上页注②）两江机器人产业园；安徽推进机器人产业区域集聚发展试点，浙江提出"农业机器换人"；广东提出加快珠三角地区"机器换人"步伐；广州提出建设工业机器人及智能装备基地；黑龙江已于 2014 年推动哈工大组建机器人产业集团，并加快上市融资步伐；哈尔滨将组建机器人产业技术研究院；辽宁提出建设机器人与智能制造创新研究院和沈抚新城机器人产业带；沈阳提出推进中科院机器人与智能制造创新研究院新型研发实体，打造世界级机器人产业基地；长春提出实施智能机器人等投资项目；厦门提出实施"机器换工"计划；大连、武汉也提出加快发展机器人等新兴产业。此外，提出发展机器人产业的还有湖南、广西等地。总体来看，如果加上一些尚未纳入统计范畴的城市，我国机器人产业已经进入跨越式发展阶段。尤其值得关注的是，广西等欠发达且在机器人领域基础薄弱的地区提出了发展机器人产业，可以预计我国机器人产业在未来几年可能存在较大的重复建设。因此，政府在政策导向上必须给予足够的重视。根据作者及其团队综合整理的数据，目前我国机器人关联企业从 2012 年的 200 家激增到 2015 年年初的 815 家，而政府补贴刺激在其中起到了很大的作用。

在全国各主要城市中列第三位，成为我国机器人专利研发创新的重要载体城市，因此有必要对 21 个中心城市和秦皇岛、苏州、无锡、镇江、常州和东莞共 27 个城市进行统一分析①。

从我国主要城市机器人专利申请量来看，上述 27 个城市之间存在较大差距，总体来看，北京和上海在机器人专利申请方面具有绝对领先优势，其 1990 ~ 2013 年机器人专利申请量分别达到了 2182 件和 2018 件，其次是苏州，达到了 1096 件（见图 6 - 2），值得注意的是，苏州涉足机器人产业及专利创新领域的时间很晚，是在 2005 年前后，但其发展速度非常迅速，仅 2013 年，全市机器人领域专利申请量达到了 472 件。

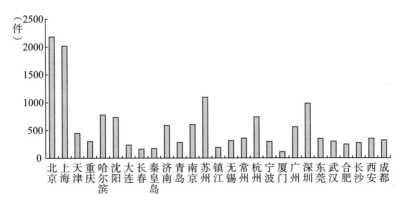

图 6 - 2　我国主要城市机器人专利申请量

---

①　本书在分析中重点就机器人专利申请量超过 100 件的城市进行分析，最少的是厦门，仅为 111 件。此外，在专利数据检索中，本书对全国各省（区、市）的机器人领域专利创新进行了全面的统计分析。除了上述城市外，广东的中山、汕头（汕头的情况比较特殊，如果仅仅按照关键词检索，汕头的机器人专利申请量达到了 510 件，但几乎全部是其在发展玩具产业中的专利创新，因此，汕头不能纳入分析之列）、珠海、顺德、佛山，江苏的徐州（主要是基于工程机械领域的专利创新）、张家港、南通、扬州，河北的石家庄、唐山、邯郸、廊坊，湖南的株洲，浙江的湖州、温州、绍兴，江西的南昌，云南的昆明，山东的淄博、潍坊，河南的洛阳（与徐州类似，主要是集中在工程机械领域的专利创新）、郑州，甘肃的兰州，安徽的马鞍山，福建的福州、泉州，广西的南宁、桂林等多达 40 个城市均开展了有关机器人领域的专利创新，但总体上其发明专利相对较少，其专利件数集中在 30 ~ 60 件。

由于发明专利代表了不同城市专利创新的基本质量①，通过对上述城市专利申请量中发明专利、外观设计和实用新型申请量分析来看，1990~2013年，上述城市机器人专利申请总量达到了14995件，其中发明专利达到8861件，占申请总量的59.09%；实用新型达到5335件，占申请总量的35.58%；外观设计为799件，仅占申请总量的5.33%。不同城市之间的专利申请结构也存在较大差别，发明专利申请占比最高的是秦皇岛，达到了79.7%，最低的是东莞，仅为19.8%，北京、上海均超过60%，分别为69.2%和66.1%，哈尔滨则高达78.6%，总体来看，北京、上海和哈尔滨的申请总量大，且专利结构较优（见表6-8）②。

表6-8　1990~2013年我国主要城市机器人
专利申请类别及结构

单位：件，%

城市	申请总量	发明专利	外观设计	实用新型	发明专利占比
北京	2182	1509	85	588	69.2
上海	2018	1333	94	591	66.1

① 在所有专利中，发明专利是技术含量最高、竞争力最强的一种。与发明专利紧密相关的是"有效发明专利"，根据蔡虹、许晓雯（2005）的研究，我国有效发明专利占发明专利授权量的65%左右，也就意味着专利授权后被终止、放弃的淘汰率为35%，从严格意义上而言，这一数值就是第七章中所提出的知识存量的"陈腐化率"，蔡虹、许晓雯（2005）认为这一数值作为陈腐化率，高得不切实际。但本书认为，与日本等国家相比，我国有效发明专利占比的确较低，尤其是在2010年之后个人专利增多的情况下。2015年，上海市每万人发明专利拥有量达到26件。

② 从我国专利情况来看，企业专利申请和授权数量近年来大幅增长，但总体发明专利特别是高端发明专利还较少，大部分行业的核心技术已被国外企业所垄断，而立足长远发展、抢占行业技术发展战略制高点的防御性专利很少，这对于未来的产业发展极为不利（杨健安，2010）。

续表

城市	申请总量	发明专利	外观设计	实用新型	发明专利占比
天津	451	326	16	109	72.3
重庆	297	174	11	112	58.6
哈尔滨	777	611	8	158	78.6
沈阳	734	466	17	251	63.5
大连	236	134	3	99	56.8
长春	162	73	1	88	45.1
秦皇岛	172	137	0	35	79.7
济南	590	288	23	279	48.8
青岛	283	127	7	149	44.9
南京	604	397	22	185	65.7
苏州	1096	561	34	501	51.2
镇江	193	146	2	45	75.6
无锡	314	182	8	124	58.0
常州	356	183	17	156	51.4
杭州	741	427	41	273	57.6
宁波	295	93	24	178	31.5
厦门	111	24	40	47	21.6
广州	560	278	39	243	49.6
深圳	983	519	220	244	52.8
东莞	348	69	43	236	19.8
武汉	300	167	4	129	55.7
合肥	247	148	3	96	59.9
长沙	273	163	9	101	59.7
西安	351	190	13	148	54.1
成都	321	136	15	170	42.4
总量	14995	8861	799	5335	

资料来源：http://www.sipo.gov.cn/。

在有关机器人专利检索过程中，本书对 1985 年以来我国机器人领域的专利进行了全面检索，从上述城市的专利申请来看，北京、上海、长春等城市在 20 世纪 80 年代中期就开展了机器人领域的专利创新，但直至 20 世纪 90 年代末，我国机器人领域的专利创新仍处于探索阶段。2000 年之前，上述城市机器人专利申请量仅为 250 件，仅为 1985~2013 年专利申请总量（15316 件）的 1.63%。进入 2000 年之后，我国机器人领域的专利创新进入起步发展阶段，在 2008 年前后形成了一定规模的专利创新能力。2006 年之后进入快速发展阶段，到 2009 年之后，机器人领域的专利创新进入了井喷阶段，2009~2013 年的 5 年时间内，上述城市在机器人领域的专利创新申请件数达到了 11437 件，占 1985~2013 年专利申请总量的 74.67%。我国主要城市机器人专利申请趋势演变见图 6-3。

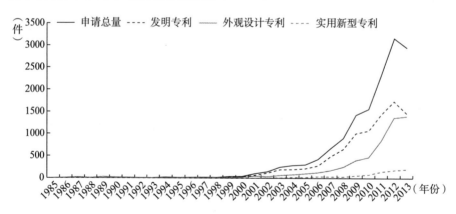

图 6-3 我国主要城市机器人专利申请趋势演变

注：2013 年机器人专利申请数据少于 2012 年，主要是由于专利数据库统计尚未完善。

我国机器人专利申请量快速发展阶段主要处于 2000 年以后，并在 2008 年以后出现井喷式增加。从具体的数字来看，2002 年城市机器人专利申请总量首次超过 100 件，之后申请数量不断增加，并于 2008 年达到 905 件，2009 年我国城市机器人专利申请量首次超过 1000 件，达到 1403 件。2011 年超过 2000 件达到 2318 件，2012 年则超过 3000 件达到 3047 件。

从专利具体分类方面来看，我国城市机器人专利申请主要集中在发明专利和实用新型专利，外观设计专利相对较少。图 6-4 给出了我国主要城市机器人专利申请类型分布，可以看出，发明专利数量明显高于外观设计专利和实用新型专利数量。从各城市的专利类型分布可以看出，北京、上海、哈尔滨、苏州、深圳的发明专利数量明显领先于其他城市。在外观设计专利方面，除北京、上海外，外观设计专利主要集中在深圳、广州、东莞、杭州、苏州、宁波等东南沿海城市，这与该地区较好的制造业基础有很大关联。在实用新型专利方面，除了北京、上海两个城市外，实用新型专利主要分布在苏州、济南、杭州、沈阳、深圳等城市。

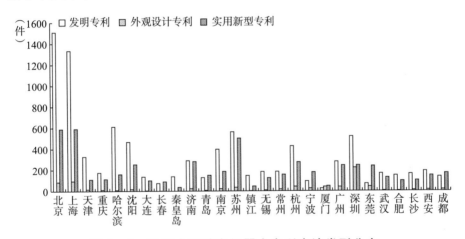

图 6-4　我国主要城市机器人专利申请类型分布

二　中心城市专利相对产出指数分析

城市专利相对产出指数（Activity Index，AI），也称技术显示比较优势互补（Revealed Technological Advantage，RTA）活动指数，该指数是指一个城市在某一技术领域的专利申请量与产业专利申请量的比，其公式为：

$$AI^{ij} = \frac{P^{ij} / \sum_i P^{ij}}{\sum_j P^{ij} / \sum_{ij} P^{ij}}$$

其中，P 代表专利数量，i 代表城市，j 代表技术领域，P^{ij} 表示某城市在某一技术领域的专利申请量，$\sum_i P^{ij}$ 表示某城市在所有技术领域的专利申请量，$\sum_j P^{ij}$ 表示所有城市在某一领域的专利申请量，$\sum_{ij} P^{ij}$ 表示所有城市在所有技术领域的专利申请量。

根据检索出的我国中心城市机器人专利申请量，计算得出主要城市机器人、机械手、机械臂专利相对产出指数，对其排序后列出前 5 名（见表 6 - 9）。从表 6 - 9 可以看出，天津、哈尔滨、沈阳、合肥、南京等城市在机器人总体的研制与开发技术中占有较为明显的优势；沈阳、长沙、青岛、无锡、常州等城市则在机械手的研究开发技术中占有较为明显的优势；武汉、天津、青岛、无锡、成都等城市在机械臂的研究中占有较为明显的优势。综合来看，我国机器人专利相对产出指数较高的城市也是我国工业和制造业较为发达的城市，制造业的转型升级有力地推动了机器人发明专利的申请及创新合作。

表 6 - 9 我国主要城市机器人专利相对产出指数研究

序号	机器人		机械手		机械臂	
	城市	产出指数	城市	产出指数	城市	产出指数
1	天津	1.63	沈阳	1.51	武汉	1.46
2	哈尔滨	1.53	长沙	1.42	天津	1.27
3	沈阳	1.50	青岛	1.39	青岛	1.27
4	合肥	1.34	无锡	1.23	无锡	1.19
5	南京	1.28	常州	1.16	成都	1.18

三　机器人专利研究热点分析

IPC 专利分类是专利分类的一个重要方面，通过对某一技术的 IPC 专利分析，可以清晰地看出该领域在不同方面的研究成果。通过对机器人 IPC 专利分类可以较清晰地看出机器人专利在不同 IPC 大类中的分布状况，也可以看出在更小分类下的机器人专利的分布情况。为了更清晰地了解和研究我国中心城市机器人专利申请与全球机器人专利申请的差距及专利申请部类的异同点，本部分将我国主要城市机器人专利申请的 IPC 分类与全球机器人专利申请 IPC 分类进行对比，对比结果如图 6 - 5 所示。

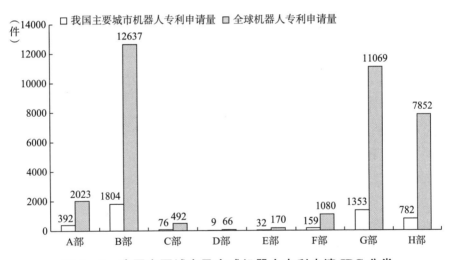

图 6 - 5　我国主要城市及全球机器人专利申请 IPC 分类

从图 6 - 5 可以看出，我国主要城市机器人专利申请部类与全球机器人专利申请部类的分布较为相似，说明我国主要城市机器人专利的发展趋势与全球机器人发展的总趋势相符合。机器人专利申请主要集中在 B 部和 G 部，其中 B 部主要包括机械手、装有操纵装置的容器，具体为夹头、程序控制机械手、机械手的操作装置、装在车轮上或车厢上的机械手、与机械手组合的安全装置或专门适用于与机械手组合使用的安全装置。G 部机器人产业技术专利位列其次，主要包括数字计算机和数字数据处理装置、非电变量的控制或调节系统。

专利重点技术反映了专利技术的集中点，也体现了某一领域的技术发展导向。根据对全球及我国主要城市机器人专利申请 IPC 分类数据的统计，列出了全球及我国主要城市机器人专利申请 IPC 分类数量的前 10 名，如表 6 - 10 所示。

表 6 - 10   我国主要城市及全球机器人产业技术 IPC 分布

单位：件

序号	全球 IPC 分类	数量	中国 IPC 分类	数量
1	B25J - 013/00	1735	B25J - 013/00	403
2	H01L - 021/68	1466	G06F - 019/00	361
3	B25J - 009/16	1361	B25J - 009/16	243
4	B25J - 013/08	1348	B25J - 009/00	222
5	B25J - 005/00	1291	B25J - 019/00	203
6	G06F - 019/00	1250	H01L - 021/67	194
7	B25J - 019/00	1193	B25J - 005/00	174
8	H01L - 021/67	1108	H01L - 021/677	162
9	B25J - 019/10	1046	B25J - 013/08	147
10	B25J - 009/22	913	G05D - 001/02	162

资料来源：黄超、刘琼泽、仲伟俊，《基于专利分析的机器人产业技术情报研究》，《情报杂志》2012 年第 11 期。

从表 6 - 10 可以看出，全球机器人与我国主要城市机器人专利申请对比中，前 10 个 IPC 分类中有 7 个相同，在前 5 个 IPC 分类中仅有 2 个相同，分别为 B25J - 013/00（机械手的控制装置）和 B25J - 009/16（控制程序），说明我国主要城市的机器人发展重点领域与全球相比还存在较大的差距。在前 10 名中，全球及我国主要城市各有 7 个和 6 个 IPC 小组所处的技术领域为 B25J（机械手，装有操纵装置的容器），占所列 10 个的半数以上。其他的 IPC 分类如 H01L（半导体器件、其他类目未包括的电固体器件）、G06F（数字计算机，其中至少部分计算是用电完成的；数字数据处理装置）、G05D（非电变量的控制或调节系统）等在全球及我国主要城市的机器人专利申请领域中都占据了极大的比重，表明我国主要城市机器人与全球机器人技术发展的方向基本保持一致，这些技术领域均为机器人技术研究的热点。

第五节　中心城市机器人专利合作网络研究

一　中心城市机器人专利合作网络分析

为研究我国中心城市机器人专利申请状况，根据在国家知识产权局专利检索网站检索得到的主要城市机器人专利合作数据，用 UCINET 和 NetDraw 专利分析软件，得出我国中心城市机器人专利合作网络，从图 6 - 6 可以看出，我国中心城市机器人专利合作网络呈现出较为明显的树状拓扑结构，合作网络结构的中心点分别为北京、上海和深圳，其中北京是较为明显的绝对中心点，上海、深圳两市为相对中心点，常州、苏州、武汉等城市为主要合作力量，无锡、佛山、厦门、长沙、重庆、兰州等城市与其他城市的机器人专利合作较少，处于网络的边缘位置，在图 6 - 6 中可以表示为较小的中心点。北京、上海、深圳三个城市之间的机器人专利合作较多，构成了较为明显的三角形合作中心点，同时又与其他城市相连接，形成覆盖其他城市的合作网络。图 6 - 6 充分说明了北京、上海、深圳三个城市的主导性和活跃性，也充分表现出三个城市的科技辐射力和影响力。

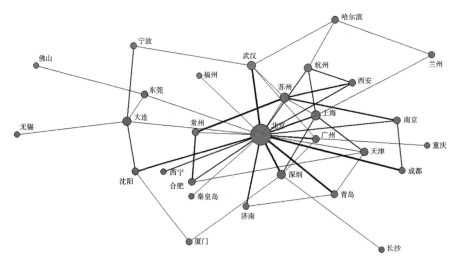

图6-6 我国中心城市机器人专利合作网络

为充分体现中心城市专利合作的网络特征，本书在研究中应用
NetDraw 软件对中心城市机器人专利合作进行了空间网络分析，但由
于这一软件存在先天性的缺陷，即无法从空间地理的角度直观地反映
中心城市之间的专利合作网络特征。因此，本书在相关数据统计和分
析的基础上，利用 CorelDraw12.0 软件绘制了我国中心城市机器人专
利合作网络空间图谱（见图6-7），以便更加直观、更加深入地分析
城市专利合作网络特征。从图6-7可以看出，我国中心城市机器人
专利合作的区域空间特征非常明显，北京是整个专利合作网络的核
心，在与长三角（23件）、珠三角（13件）开展机器人专利合作的
同时，对全国各中心城市形成了发散式的创新合作溢出。同时，长三
角内部存在比较明显的机器人专利合作网络，并对合肥等中心城市形
成了一定的创新溢出。总体来看，虽然北京在机器人专利合作网络中
处于绝对的主导地位，但总体来看，长三角地区机器人创新合作的网
络化特征更为明显，珠三角地区机器人创新合作的网络化特征不明
显，尤其是在内部合作网络方面。

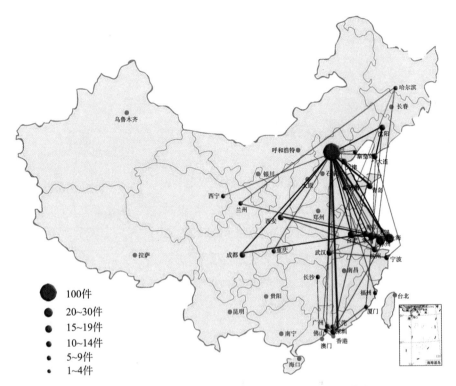

图 6 - 7 我国中心城市机器人专利合作网络空间

二 中心城市机器人专利合作主体分析

通过对我国主要城市机器人发明专利检索可以发现，大学或较有实力的公司是机器人发明专利的研究主体。通过对主要城市机器人合作主体分析可以看出，机器人发明专利合作网络呈现出整体分散、局部集中的基本态势（见图6-8）。从图6-8中可以看出，清华大学、上海交通大学、国家电网公司成为机器人专利合作网络的局部中心点，其中清华大学主要与成都飞机（工业）责任有限公司、北京航空航天大学、中国人民解放军总医院、中国人民解放军工程质量监督总站等单位形成专利合作网络，上海交通大学主要与上海电气集团股份有限公司、上海空间电源研究所等企业和研究机构形成专利合作网络，国家电网公司与山东电力集团公司电业科学研究所、国网河南电力公司、冀北电力有限公司计量中心等企业或研究机构形成专利合作网络。

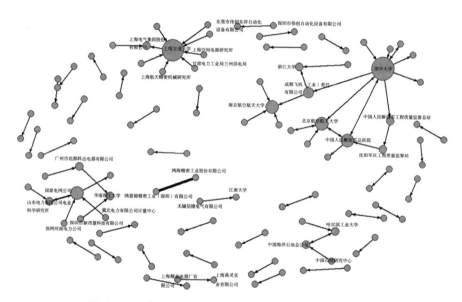

图 6 - 8　我国主要城市机器人专利合作主体网络

除了以上三个较大的局部合作网络外，在我国主要城市机器人专利合作网络中，还形成了一些局部合作网络，如中国海洋石油总公司和中国石油研究中心、哈尔滨工业大学等单位形成的专利合作网络，华南理工大学与广州花都科达电器有限公司、深圳市新昂慧科技有限公司等企业形成的专利合作网络。除了这些合作网络外，在企业合作中，鸿富锦精密工业（深圳）有限公司和鸿海精密工业股份有限公司合作最多，其次，江南大学和无锡信捷电气有限公司、上海精益电器厂有限公司和上海鼎灵实业有限公司、东莞市伟创东洋自动化设备有限公司和深圳伟创自动化设备有限公司等合作较多，在图 6 - 8 中体现为两个合作主体间的线条较粗。

在三类创新主体方面，本书汇集了自 1985 年以来前 100 位的创新主体专利资料，在国内从事机器人专利创新研究的主体中，从高校来看，上海交通大学的机器人专利申请量最多，达到455件，领先于清华大学（339件）和哈尔滨工业大学（315件）；其次依次为北京航空航天大学（259件）、哈尔滨工程大学（238件）、浙江大学（211件）、北京理工大学（181件）、东南大学（172件）、上海大学（154件）和燕山大学（131件）（见表6－11），前10位高校的机器人专利申请量累计达到2455件，这在机器人专利申请总件数中占30.4%，专利创新成果高度集聚。在研究机构方面，创新主体明显偏少，仅有中国科学院自动化研究所和中国科学院沈阳自动化研究所超过100件。在企业方面，鸿富锦精密工业（深圳）有限公司（150件）和沈阳新松机器人自动化股份有限公司（80件）具有较多的专利创新，但企业排名前10位的总件数仅为483件，占1985～2013年机器人专利申请总量的4.2%，表明企业创新合作主体较多，但也较为分散。

表6－11　我国国内机器人主要创新主体排序

序号	高校	研究机构	企业	总量排名	名称
1	上海交通大学（455件）	中国科学院自动化研究所（144件）	鸿富锦精密工业（深圳）有限公司（150件）	1	上海交通大学
2	清华大学（339件）	中国科学院沈阳自动化研究所（132件）	沈阳新松机器人自动化股份有限公司（80件）	2	清华大学
3	哈尔滨工业大学（315件）	中国科学院合肥物质科学研究院（70件）	山东鲁能智能技术有限公司（50件）	3	哈尔滨工业大学
4	北京航空航天大学（259件）	中国科学院深圳先进技术研究院（64件）	泰怡凯电器（苏州）有限公司（44件）	4	北京航空航天大学

续表

序号	高校	研究机构	企业	总量排名	名称
5	哈尔滨工程大学（238 件）	山东电力研究院（28 件）	科沃斯机器人科技（苏州）有限公司（31 件）	5	哈尔滨工程大学
6	浙江大学（211 件）	山东电力集团公司电力科学研究院（21 件）	中国东方电气集团有限公司（28 件）	6	浙江大学
7	北京理工大学（181 件）	昆山市工业技术研究院（19 件）	上海中为智能机器人有限公司（27 件）	7	北京理工大学
8	东南大学（172 件）	哈尔滨工业大学深圳研究生院（15 件）	上海康德莱企业发展集团有限公司（26 件）	8	东南大学
9	上海大学（154 件）		上海发那科机器人有限公司（26 件）	9	上海大学
10	燕山大学（131 件）		无锡普智联科高新技术有限公司（21 件）	10	鸿富锦精密工业（深圳）有限公司
总量	2455 件	493 件	483 件		2474 件

第六节　本章小结

从机器人领域知识储备的城际比较研究可以得出：从不同城际来看，目前机器人研究领域的知识储备主要集中在北京、哈尔滨、上海、南京等中心城市，这些城市在期刊论文的发表数量上明显领先；从研究机构来看，北京和上海所拥有的研究机构数量在 20 个中心城市中绝对领先，6 个地区之间的研究机构数量的极差为 32，直辖市在研究机构数量方面独占鳌头；从研究平台来看，直辖市的研究平台占20 个中心城市研究平台总量的 46.5%，国家级平台主要集中在直辖市和东北地区；从研究主体来看，高校是机器人研究领域知识储备的核心主体，企业所占比重不足10%。企业是应对制造业变革的关键主体，我国企业在机器人领域的知识储备严重偏少。研究得出以下结论。第一，企业的知识储备严重偏少。企业一方面直接面向市场，对市场的需求更具敏感性，另一方面在从技术转向生产方面比高校、科研院所更具优势，因此，必须大力鼓励和扶持一批创业创新型企业开展和从事有关新兴技术领域的研究开发。第二，我国机器人领域的知识储备和技术开发能力在高校和企业之间存在一定的隔阂。高校以教学和基础研究为主，而企业以市场需求为导向，高校、科研院所与企业联合形成知识储备的案例还较少。中国科学院沈阳自动化研究所及其孕育的沈阳新松机器人自动化股份有限公司是我国机器人领域产研一体化的典型代表，但具有不可复制性。

总体来看，在机器人研究领域的知识储备方面，北京、哈尔滨、上海等城市具有显著优势，而上海则是我国规模最大、产业链最完整的机器人产业集聚区。从机器人产业长远发展来看，上海在知识储备、产业基础、企业开发能力等方面实力较强、分布均衡，同时上海具有金融支撑能力和开放型经济体系，将上海打造成为全球性的机器人产业制高点，是值得期待也是能够实现的战略性目标。但对于城市发展和产业发展而言，实际产品的产出更为重要，最能代表和体现新兴技术知识开发转换能力的是专利产出数量及专利质量，因此还应进一步关注专利产出，尤其是专利创新网络角度的研究。

通过对机器人城际专利合作网络的研究可以得出如下结论。

第一，从总体趋势来看，我国的机器人专利申请权人主要集中在北京、上海、天津、重庆、哈尔滨等27个工业及制造业比较发达的城市，在这27个城市中，机器人专利申请量最多的城市为北京，申请量最少的城市为厦门，两者在总量上相差约2000件。我国机器人专利申请量快速发展阶段主要发轫于2000年，并在2008年以后出现井喷式增加。从专利具体分类方面来看，我国城市机器人专利申请主要集中在公开发明和实用新型专利，外观设计专利相对较少。

第二，从城市机器人专利相对产出指数来看，我国主要城市机器人发明专利产出指数较高的城市也是我国工业和制造业较为发达的城市，工业和制造业的转型升级也较有力地推动了机器人发明专利的申请与创新合作。

第三，从机器人专利研究热点来看，机器人专利申请主要集中在B部和G部，我国主要城市的机器人发展重点领域与全球相比还存在较大的差距，全球及我国主要城市机器人IPC小组所处的技术领域主要集中在B25J（机械手，装有操纵装置的容器），其他的IPC分类如H01L（半导体器件、其他类目未包括的电固体器件）、G06F（数字计算机、数字数据处理装置）、G05D（非电变量的控制或调节系统）等在全球及我国主要城市的机器人专利技术领域中都占据了较大的份额，表明我国主要城市机器人与全球机器人技术发展的方向基本保持一致，这些技术领域均为机器人技术研究的热点。

第四，从机器人城市专利合作网络来看，北京、上海和深圳已经成为我国机器人专利合作网络的三大中心。其中，北京的优势更为明显。整个机器人发明专利合作网络呈现"整体分散、局部集中"的基本态势，其中清华大学、上海交通大学和国家电网公司形成了比较密集的创新合作网络，清华大学的合作网络更为广泛。上海交通大学、清华大学和哈尔滨工业大学等高等学校是我国机器人专利创新的主体。

第七章
结论、启示和相关讨论

本章首先对此前各章节的重要结论进行回顾和总结；其次，在相关研究结论基础上，提出进一步加强和完善新一轮科技革命和产业变革背景下城市专利合作的启示和建议，并围绕人才引育、教育模式、顶层设计与制度环境、创业创新精神等深层次问题进行适度探讨，最后，指出研究中存在的不足之处，以及未来有待进一步深化的研究方向。

第一节 研究结论

城市是科技发展、知识进步的核心载体，在第三次工业革命的浪潮到来之际，系统研究我国中心城市的科技发展尤其是专利创新情况，对于厘清应对第三次工业革命的思路，寻找城市创新体系中存在的问题，实现在第三次工业革命浪潮下的弯道超车具有重要的现实意义和理论意义。同时，科学技术是一个较大的概念，较难对其进行量化分析，在研究国内外相关文献时可以发现，学者们主要以专利为其代理指标来进行分析。因此，本书在第三次工业革命的背景下，以城市为研究对象，通过空间计量、社会网络等分析方法，对我国城市尤其是中心城市专利创新及合作网络进行研究，主要的研究结论如下。

第一，在中心城市专利产出绩效和影响因素方面，中心城市具有强大的集聚效应及辐射效应，其科技创新水平具有很强的代表性。2000~2013年我国20个中心城市的专利产出绩效呈现上升趋势，这种上升趋势主要是技术进步引起的，专利产出绩效较高的城市主要集中在东部地区，同时，专利产出绩效呈现比较明显的不均衡性。从中心城市专利产出绩效的影响因素来看，人力资本、研究与发展经费支出等指标对专利产出绩效的提升具有比较明显的推动作用，而研究与发展人员投入指标对于专利产出绩效的提升贡献不显著。

第二，在中心城市专利合作网络图谱分析方面，城市专利合作网络表现为较为明显的星状拓扑结构，网络中心点为上海、北京和深圳三个城市，合作密度较强的城市主要集中在东部地区，中部和西部地区合作密度较低、合作范围也较小。同时，地理距离、相距时间变量等因素对专利合作强度产生重要的影响，即地理距离越近、相距时间变量越大，专利合作强度越高。

第三，在辐射效应下的中心城市专利创新及合作方面，各中心城市专利创新辐射距离与其跨城市专利合作数量并不成正比，城市专利合作具有较为明显的"就近原则"。人口流量、电信流量、通信流量对中心城市专利创新辐射距离具有重要的影响。人口流量越大，其信息流就越高，电信流量、通信流量越大的城市专利创新辐射距离就越远。

第四，在中心城市产学研创新合作方面，中心城市大学与企业、研究机构合作申请专利数呈现出较大的不均衡性。从机构合作来看，大学与企业专利合作规模远高于大学与大学、大学与研究机构的专利合作规模。从合作重点来看，中心城市产学研专利合作主要集中在 C 部、G 部和 H 部。随着时间的推移，城市专利合作的网络密度、局部中心点在不断地发生变化。

第五，以机器人为例的城市新兴技术知识储备比较研究表明，机器人领域的知识储备主要集中在北京、哈尔滨、上海、南京等城市，其他城市的机器人知识储备相对不足。国家级的机器人研究平台主要集中在直辖市和东北地区，高等学校是机器人研究领域知识储备的核心主体，企业的知识储备较少，高校与企业在机器人知识储备方面存在一定的隔阂。

第六，在机器人专利创新及合作网络研究方面，机器人专利合作申请主要集中在发明专利方面，实用新型专利和外观设计专利相对较少。我国主要城市机器人发明专利产出指数较高的城市也是我国工业和制造业较为发达的城市，工业和制造业的转型升级有力推动了机器人发明专利创新。北京、上海、深圳是国内主要城市机器人专利申请合作的中心点，表明这三个城市具有较强的科技辐射力和影响力。国家电网、清华大学、上海交通大学是机器人专利合作的局部中心点。

第二节　对策建议

本书基于现有专利研究对城市专利创新研究的趋势和现有专利创新研究的不足，考虑到计量工具和研究方法的缺陷，采用专利计量研究以及空间计量分析、社会网络分析等方法，在新一轮科技革命和产业变革背景下对我国中心城市专利合作现状进行了研究，从目前来看，我国中心城市专利合作还存在一些不足，在新一轮科技革命和产业变革背景下，必须加快健全完善我国中心城市专利合作网络。

第一，协同创新已经成为应对新一轮科技革命和产业变革的必然战略选择和必然发展趋势。这种协同创新不仅仅是指 2011 年国家教育部出台推进的高校协同创新计划，这是一个更高层面、更广范围的"协同创新"。从本书各章研究结论来看，企业在我国城市专利创新过程中所发挥的作用越来越大，但这种作用在不同区域之间存在一定差异，如在我国中西部地区尤其是西部地区，以成都和西安为例，市场化的协同创新机制还没有真正形成。因此，必须进一步培育和增强企业专利创新意识，尤其是西部地区要通过与东部发达城市的创新合作，充分发挥企业的创新主体作用，提升西部中心城市专利合作水平与创新能力。

第二，在全球科技迅猛发展的背景下，尤其是在新一轮科技革命和产业变革到来之际，技术的更新换代周期正在普遍缩短，发明专利的全球性维护费用不断增长，任何一个国家、一个城市、一个企业都难以实现对全部专利技术的垄断性占有。因此，选择核心技术进行提早部署和保护是关键性的举措。要瞄准前沿科技，在高新科技研发与人才培养上舍得投入，争取在高新科技发展方面实现"弯道超车"。中心城市要下决心加大对核心性、关键性技术的投入，关键要解决好专利创新成果转化为产业的问题。中心城市尤其是中西部中心城市，应当在国家"一带一路"战略统筹布局下，结合自身产业结构和科技实力，选择适宜性的领域开展专利合作，实现创新驱动的"精准发力"。

第三，总的来看，中心城市之间开展专利合作需要合作平台载体的支撑，以清华大学为例，清华大学与深圳开展了广泛的专利合作，涉及生物医药、先进制造、新一代信息技术、纳米技术等多个领域，这其中清华大学深圳研究院发挥了关键作用，同样，上海、北京两地的大学微电子研究院也促进了京沪两地之间的专利合作①。因此，要加大对欠发达地区协同创新平台载体的建设力度，从目前来看，我国中西部地区科教实力明显偏弱，这在很大程度上制约了这些地区经济

---

① 2015 年 9 月，上海市人民政府与清华大学签署《战略合作框架协议》，双方将瞄准重点科技领域，共同开展重大课题研究，合作在沪设立创新研究中心，该中心将成为清华大学进行全球科技布局的关键环节和上海建设张江综合性国家科学中心的重要组成部分。上海市将与清华大学共同推进燃气轮机、高温气冷堆等关键核心技术产业化进程，培育以集成电路为代表的新一代信息技术产业，继续扩大在生命科学领域合作的深度和广度，共同推动上海深化"大众创业、万众创新"格局。可以预见，京沪两地之间尤其是上海与清华大学之间的合作专利创新水平将进一步得到提升。

社会的发展。在经济新常态下，谋求以战略性新兴产业和"四新经济"推进结构优化、转型升级，必须有较强的科教实力支撑，单从这一点而言，中西部地区较难在短期内实现改变，因此，密切区域协同创新，建设异地创新载体，有助于发展欠发达地区，而中西部具有较好发展环境和产业基础的中心城市，应当结合本地产业特色，建设若干具有实质合作内容的异地创新合作载体。

第四，上海集聚了大量跨国公司研发机构，但与北京、深圳两大专利创新集聚地相比，上海的本土企业创新能力相对薄弱，创业氛围也不足[①]。上海要建设成为具有全球影响力的科技创新中心，一方面，必须下大力气推进高等教育和科研体制改革，加快建设一批世界一流大学和科研机构，为科技创新发展提供知识源泉和人才保障[②]；另一方面，必须加强创新文化建设，营造更加开放、更加包容的创新合作环境，尤其是要在"大众创业、万众创新"中为科技型中小企业的成长营造适宜的创新生态。上海在开展专利合作的同时，还需要注重制造环节的细节。在积极引进跨国研发资源的同时，应当鼓励上海、北京和深圳等创新网络核心城市的高等院校、科研院所和关键企业"走

---

① 目前，上海已经成为中国内地外资总部机构最密集的城市，到 2012 年，共有 393 家跨国公司在上海设立了区域性总部。其中制造业企业占 77.1%，服务业占 22.9%；美国企业占 32.5%，欧洲企业占 26.3%，日本企业占 23.3%，中国港澳台企业占 7.9%，其他企业占 10%（上海市商务委员会，2012）。其中约有 60 家跨国公司在上海设立了亚太或亚洲区域总部。与新加坡、中国香港相比，上海在生产设施、分销渠道和市场等方面具有优势，但新加坡和中国香港在法律与监管环境、政治环境、商业环境和税收环境等方面略胜一筹。相对较高的企业和个人所得税也削弱了上海的竞争力（欧盟商会，2012）。目前，上海已经成为中国最大的机器人产业聚集区，但上海的机器人产业基本被跨国公司牢牢掌控，真正上规模、实现大批量生产的工业机器人企业几乎没有。

② 中国科学技术协会 2015 年 9 月公布的第九次中国公民科学素质抽样调研结果显示，2015 年上海市公民具备科学素质比例为 18.71%，位列全国各省份第一，比 2010 年高出 4.97 个百分点，比全国平均水平高出近 14 个百分点。

出去"，加强国际创新合作，建设国际研发中心。

第五，未来上海市打造具有全球影响力的科技创新中心，必须在国内占据绝对优势，但现实的挑战可能不一定来自北京这样高等院校、科研院所云集的城市，而更可能来自以创新市场化为先导、立足创新产业化的深圳。深圳经过改革开放 30 多年的发展，已经成功地从依靠"三来一补"加工贸易起家，发展成为以高新技术产业为主导的具有全球影响力的科技创新城市，并且形成了"深圳加工—深圳制造—深圳创新"的产业持续跨越升级的发展路径[①]。而在 1999 年，深圳市技术职称人数加起来没有上海副高以上职称的人数多，深圳副高以上职称的人数甚至没有上海的院士多。创新合作网络区域化已经成为未来上海打造具有全球影响力的科技创新中心的必然选择，上海要依托长三角、立足全国，面向亚太和全球，以产业专利合作与产业化发展为切入点，形成有全球影响力的创新中心。

第六，从机器人的城际专利合作来看，目前尚未形成有效的全国性创新体系，为应对国外"四大家族"的产业冲击，必须采取全面深化国际科技合作、推动协同创新、共享创新机遇的重要举措，以上海为代表的中心城市应当积极参与多边国际科技合作和国际机器人领域工程，同日本、德国等机器人技术领先国家建立深层次的创新合作网络。必须集中调动科研、生产力量迅速形成相对完善的上中下游机器人产业体系。政府要从政策上引导，鼓励企业使用国产机器人，培育系统集成商，提高机器人使用密度，吸引相关产业的资金、技术投入机器人产业发展。

第七，在互联网在线分享新工具日益普及的情况下，"大众创业、

---

① 2013 年，深圳专利合作条约（PCT）国际专利申请量达到 10049 件，占全国比重为 48.1%，连续 10 年居全国首位，远远超过以高等院校、科研机构云集而著名的北京和上海。唐杰：《"新常态"增长的路径和支撑——深圳转型升级的经验》，《开放导报》2014 年第 6 期，第 11～18 页。

万众创新"① 的可能性和实践性不断提升，随着创新准入门槛的降低，创新的速度和频率将不断加快，创新主体将更趋多元，不再仅仅是以往的高等院校、科研院所和企业，这也意味着城市创新网络体系将出现异化现象。因此，中心城市必须积极顺应互联网变革趋势，加速本地创客空间建设。依靠科研院所和事业单位等专利合作主体的传统模式已经难以适应新的技术变革和产业变革，必须打破传统观念和陈旧模式，大力培育第三方社会化科技创新组织。江苏产业技术研究院和上海产业技术研究院都在社会化科技创新组织发展建设中进行了积极探索。

第三节　若干启示

从历史经验看，每个技术—经济范式的转型期都会出现"重新排队"的机会。抓住机会的国家和地区，将在未来的全球产业链上占据有利位置。当前，中国处在第二次工业革命还未完成、第三次工业革命却已展开的交叉阶段。对如何应对第三次工业革命，不同学者和研究团队的阐述角度也有不同。汤敏（2012）认为有三点，一是抓教育，二是更好的创新创业环境，三是政府角色的变化。应对第三次工业革命，第一，要突破支撑制造业"数字化"的关键技术，做好技术准备；第二，"大规模定制"要求充分重视市场需求在未来产业发展中的重要作用，为第三次工业革命做好市场准备；第三，转变人力资本开发思路，为第三次工业革命做好人才储备（吕铁，2013）。中国科学技术战

---

① 上海在"大众创业、万众创新"方面的潜在能力和发展空间与深圳、北京存在一定的差距。2015 年以来，上海大力推进"双创"工作，创建了若干众创联盟，上海应当积极引导社会资本充分挖掘众创空间中优质项目，形成"基地 + 基金"的良性互动，实现特色化、差异化发展，注重对成长型、初创型、创新创业型企业进行科技孵化投资。

略研究院课题组（2013）提出中国应实施五个战略措施：一是实施"新体制战略"，营造国际一流创新环境；二是实施"新产品战略"，把新产品开发数量作为应用研究的最终目标；三是实施"新人才战略"，引进一批外籍顶尖人才来华创新创业；四是实施"新平台战略"，打造一批国际一流的研发平台①；五是实施"新主体战略"，培育一批国际一流的大型企业或集团。芮明杰（2012）提出了应对新工业革命的五大策略：第一，更大胆地进行创新制度和知识产权制度的改革；第二，进一步加大人才教育制度改革力度；第三，用市场机制建立工业研究院，改善财政补贴使用机制；第四，支持制造业转型升级，特别支持新制造模式创新；第五，迅速完善上海的创新服务体系。

在第三次工业革命背景下，城市发展面临全新的挑战和全新的机遇，城市之间的竞争将进一步跨越传统的区域概念。以城际合作为主体的区域竞争，归根结底是一种人才之争，而在其后是教育模式的创新变革、顶层设计与制度环境的优化提升、城市创业精神和企业家精神的培育问题。我国中心城市应当瞄准"过渡环节"，选择战略性切入点，代表中国积极参与国际竞争。

一　归根结底是人才之争

世界之争，归根结底是人才之争②。从国内外发展经验来看，

---

① 2003 年，国家科技部和北京市按照国际惯例联合组建了北京生命科学研究所，聘请美国科学院院士王晓东教授担任所长，吸引了一批国际生物领域的顶尖人才回国工作。经过 10 多年的努力，该所在国际顶级期刊发表的论文数量已经进入国际前列，实践证明我国已经具有创办国际一流研究机构的实力与条件。

② 改革开放总设计师邓小平同志曾做出这样判断：引进国外智力，以利四化建设。习近平同志在出席亚信上海峰会后的外国专家座谈会时指出："要实行更加开放的人才政策，不唯地域引进人才，不求所有开发人才，不拘一格用好人才。"沈荣华：《实行更加开放的人才政策》，《文汇报》2014 年 5 月 26 日，第 5 版。

第三次工业革命的竞争事实上是一场人才开发和储备力量的竞争。面对第三次工业革命的竞争态势，谁能在科技创新方面占据优势，谁就能掌握发展的主动权。科技创新，关键在人，人才是科技创新最关键、最活跃的因素，是科技创新的根本（白春礼等，2013）。对于产业化、市场化、国际化程度相对较高的中心城市而言，必须加快抢占人才竞争的制高点，抢先开发高端人才资源，加快建设人才高地。

中心城市能否在中国应对新一轮科技革命和产业变革中起到关键性、决定性作用，最重要的资源就是人才，能否成功也最终取决于人才，必须站在更高层面，面向世界，集聚全球英才。迎接新一轮科技革命和产业变革的关键是拥有一支实力雄厚的科技人才队伍，特别是要在重大技术领域和新兴技术领域拥有一批国际顶尖人才和团队。中心城市要建立丰沛的人才池，核心是集聚和用好各类人才尤其是高端人才。人才引进培养的主体是企业，要支持、帮助和鼓励企业大力引进应用型创新人才，集聚一批能够站在行业科技前沿、具有国际视野的领军人才和企业家。中心城市应进一步加大海内外人才特别是顶尖人才引进力度，以企业及高校、科研院所为依托，以项目为载体，在吸引优秀留学人才回国的同时，以重大人才培育工程为抓手，大力培育高层次本土人才，在第三次工业革命的关键领域组建一批国际一流的研发队伍，以顶尖人才队伍支撑科技和产业竞争，在关键产业、关键领域、关键技术方面引进一批应对第三次工业革命、抢占战略制高点的高端人才，搭建和打造一批高端创新集聚平台。

二　教育模式的变革问题

教育如何应对新一轮科技革命和产业变革，是中国能否跟上第三次工业革命脚步的关键（周洪宇，2013）。新一轮科技革命和产业变革所需要的高素质劳动者和创新型人才对全球的人才培养模式带来了严峻挑战。从历史经验来看，教育变革与工业革命的发展是相辅相成的。新一轮科技革命和产业变革的到来，无疑将对中国的教育体制和人才培养模式产生极大的冲击、带来严峻的挑战。里夫金认为传统的教育模式已经难以培养出满足新一轮科技革命和产业变革所需要的人才。保罗·麦基里认为，为迎接新一轮科技革命和产业变革，政府应当注重教育而非规划未来。改革教育体制是当务之急，培养、激励高素质的创新型人才，是中国崛起的战略性保障，教育系统、科研系统的创新体制需要进行巨大的变革（薛涌，2012；张亚勤，2013）。从长远来看，中心城市必须率先进行根本性的教育变革①。

现代大学②集知识传播和知识创造于一体，能够使城市成为基础研究的重镇和人才培养的摇篮③。大学是创新研发的关键载体，在城市的国际化进程中所扮演的角色是至关重要的。作为我国科技资源最为富集的地区，高校拥有优秀的科技人才、良好的科研环境，在国家

---

① 2014 年 7 月，国家教育体制改革领导小组同意清华大学、北京大学和上海市"两校一市"作为学校综合改革试点。2014 年 11 月，教育部和上海市签署了为期 7 年的部市深化上海教育综合改革战略合作协议。

② "大学"一词源于拉丁文"universitas"，其拉丁词含义等同于古希腊语中的"Academia"，其最初意为"学生集会"或"教师集会"，现在用于指"学术界、学术生活和兴趣，学术环境"。大学在初期作为一种社会现象很大程度上是民间的、自发的：众多"爱智慧"的人聚集在城邦，聘请智者为他们传授知识，双方因各自所需而结成社团，即"universitas"，该词拉丁语传入包容性极强的英语，就有了"university"。陆建非：《大学，有精神乃显气象》，《文汇报》2014 年 9 月 26 日，第 11 版。

③ 以伦敦为例，伦敦作为欧洲大陆的科技创新中心，首先得益于其雄厚的科学研究实力，伦敦是英国大学生数量最多的城市，拥有数量众多的大学和学术研究机构，如伦敦大学、帝国理工学院、格林尼治大学、城市大学等，周边更有牛津大学和剑桥大学这两所世界著名高等学府。

科技创新体系中具有重要地位，是国家重要的科研力量①。回顾历史，学术中心位置的迁移其实是和经济社会发展的中心紧密相关的，哪儿的大学尤其研究型大学发展水平高，哪儿就变成一个经济发展中心。我国中心城市应当参照欧盟"2020 年可持续与包容性智能发展战略"中的促进智能增长创新战略，在高校之间实施"创新伙伴关系"和"知识伙伴关系"等项目。鼓励大学进一步与国际接轨，进一步挖掘教育方面的需求，推动职业教育和工程教育。

新一轮科技革命和产业变革为教育领域带来了个性化、数字化、远程化、定制化、差异化、分散合作、扁平组织结构等全新教育理念，将对当前的教育模式产生革命性的影响（周洪宇、鲍成中，2014）。当前，网络教育、游戏化学习、虚拟社区与现实课堂有机结合的新型教育模式的不断涌现，打破了传统教育的时空概念，实现了超时空的学习互动，从而给传统教育带来了前所未有的挑战和机遇。而当前我国中心城市的教育体系还难以适应第三次工业革命的要求，必须着力培育应对新一轮科技革命和产业变革所需的人才，充分利用网络媒介和社交网络，开展开放式网络教学。面对第三次工业革命，不仅要制定相关产业规划，而且要高度重视教育，根据未来发展调整现有学科专业设置，优化教育体系，培养学生的基本科技思维素养和动手能力，全面开展互联网互动教育。但通过深入研究和思考，本书认为在新一轮科技革命和产业变革背景下，还存在区域教育资源分布不均的问题，这对于我国中心城市创新合作具有很大的影响。

三　顶层设计与制度环境

新一轮科技革命和产业变革带来的不是单一政策的调整，而是

---

① 根据英国著名教育组织 Quacquarelli Symonds（QS）发布的《2014QS 亚洲大学排名》，复旦大学和上海交通大学分列第 22 位和第 28 位，同济大学列第 65 位。

系统性变革问题，这种系统性变革要求顶层设计和系统性规划。如果继续维持缺乏创意的社会政治制度和文化，"中国崛起"将可能被第三次工业革命终结（薛涌，2012）。新一轮科技革命和产业变革的特点是分散决策，包括生产的分散化和决策的分散化，这是非常关键的。相对于未来的分散决策，传统的集中决策模式可能在第三次工业革命中面临更加突出的问题。所以最根本的还是体制、机制的改革问题（冯飞等，2012）。在新一轮科技革命和产业变革背景下，政府角色必须有新的转变。在工业革命中一大批传统的企业、传统的行业必将被淘汰。政府有可能会去帮助那些落后国有企业和近期内能提供很多税收的旧行业，人为阻碍企业的更新和社会的进步。追求增长速度，热衷于上规模的粗放式增长模式，恰恰与小型化、个体化、多样化的新工业趋势相悖。在以个性化、多样化为特征的新市场中，政府的运营机制很难适应瞬息多变的技术与市场。在新工业革命中，政府不转型，企业难转型（汤敏，2012）。生产的小型化、分散化是"新一轮科技革命和产业变革"的一大特征，政府应鼓励民众积极参与，同时处理好大中型国有企业与大量小微型企业的关系，采取重点扶持与淘汰落后相结合的方式，优化大中小型企业的地理布局和产业布局①。

应对新一轮科技革命和产业变革，将是一项长期的系统工程，必须要有布局第三次工业革命的主动意识、创新意识、超越意识，要从制度上保证参与新工业革命所需的宽松发展环境，要下决心自主研发核心和关键性技术，主动探索新的工业模式（薛涌，2012）。除了地理区位影响因素外，创新机会的出现还必须具备其他的条件，这就是

---

① 陈祎淼：《加快国企改革顶层设计》，《中国工业报》2015年3月16日，第3版。

创新文化，其往往含有组织变革和制度安排的因素①。中心城市必须着力解决好政府、高校、企业之间的角色"错位"问题，突破产学研用结合上的体制机制障碍，着力营造更好的创新环境，切实激发全社会的创新创造活力。以上海为例，其应当在产业政策、人才造就、创新推动、知识产权保护、市场环境打造等方面进行研究、思考，大胆创新、深化改革，探索出一条制造业提升、变革、发展的新型工业化道路（肖林，2012）。同时，大力培育发展第三方社会化科技创新组织将是中心城市创新合作体制革新的一个重要突破口。

四 创新文化与创新精神的问题

从全书研究来看，"开放"与"创业"是中心城市应对第三次工业革命的关键所在。上海曾有过"马云之问"②，事实上，在全球互联网 10 强中，中国占有 4 席，但这 4 家互联网巨头没有一家落户上海③。根据百度公司在 2015 年两会期间利用大数据调查的大陆 31 个省（区、市）群众创业意愿情况，广东民众创业意愿最强，浙江第二，北京第三，上海居第五位。中长期的经济增长始终还是依靠创业

---

① 王缉慈：《创新的空间：企业集群与区域发展》，北京大学出版社，2005。

② 2008 年前后，时任上海市委书记俞正声多次提问，"上海为什么产生不了马云？""上海为什么留不住马云？"。美国麻省理工学院斯隆管理学院教授黄亚生最早提出"上海模式"概念，认为"上海模式"的主要特征是政府深度干预、控制经济，尤其是政府大力发展房地产经济，对外资偏向，对民营企业歧视。虽然这样的模式界定与上海的现实存在些许差异，但黄亚生的"上海模式"一定程度上回答了"马云之问"，而在平台企业占据核心地位的新商业时代背景下，传统制造经济必须向服务经济转型。

③ 自 1994 年中国正式接入互联网，我国互联网产业实现迅猛发展，截至 2014 年 6 月，中国拥有 6.3 亿名网民，5 亿名微博、微信用户，每天信息发送量超 200 亿条，社交端口同时在线人数突破 1 亿人，网络购物用户规模达到 3.32 亿人，使用网上支付的用户规模达到 2.92 亿人。在全球互联网公司 10 强中，阿里巴巴、腾讯、百度和京东位列其中。

和创新的，也就是要靠创业者和企业家的活动。与北京①、深圳等国内公认的创新都市不同，上海集中了不少国内领先甚至是独一无二的重型制造企业，这种产业结构对于创新具有一定的迟滞效应。因此，以上海为代表的中心城市必须加快形成"大众创业、万众创新"的氛围，积极探索和推进将一些重大科研项目由企业（包括民营大型企业、高新龙头企业）来牵头组织推进，要鼓励企业参与研究机构、大学的科研工作，实现技术力量与市场意识的有效结合。我国中心城市要立足国内区域专利创新网络体系的建设，以更加开放的姿态深度融入全球研发网络，提高创新资源的全球化配置能力。

以上海为例，目前国内能够与上海相媲美的城市很少，但放眼世界，上海要寻找与自身"体量"相近的"伙伴城市"，广泛开展专利创新研究，要与伦敦、纽约、东京等城市进行网络合作。作为全国最大中心城市，上海已经成为外资研发进入中国的桥头堡和集聚地②。

---

① 根据最新的中国发明授权数据库，2014年，北京专利授权数量达到22933件，上海专利授权数量达到11430件，北京排名第一的是中国石油化工股份有限公司（1801件），其次是清华大学（1154件）、国家电网公司（777件）、北京航空航天大学（728件）和电信科学技术研究院（492件），在排名前10的申请人中，有5个是国有企业，3个是高校（另一个是北京工业大学），2个是研究机构（另一个是中国电力科学研究院）；上海排名第一的是上海交通大学，在排名前10的申请人中，有6个是大学，4个是企业，且前5位均为大学。北京的专利申请技术主要集中在通信技术、计算机和有机化学等领域，上海的专利申请技术主要集中在基本电器元器件、医学技术和有机化学等领域。

② 截至2013年年底，入驻上海的跨国公司地区总部达到397家，投资性公司为261家，研发中心为350家。其中，世界500强企业在上海设立的研发机构已经超过120家，占在沪各类跨国公司研发机构总量的比例高达40%。除了大型跨国公司外，一些专业性研发公司在上海进行研发投资的增长势头十分强劲，这类机构虽然规模相对较小，但常常在某些领域具有很强的研发能力。杜德斌：《全球科技创新中心的兴起》，《文汇报》2015年3月19日，第8版。

但本土创新引擎企业匮乏，依然是上海发展的瓶颈，上海与成为具有全球影响力的科技创新中心目标还存在较大距离。上海必须充分释放创新创业者的内生动力，服务各类创新主体，加快促进协同创新，着力强化企业作为技术创新主体的地位，打造大学、科研院所和企业对接平台，引导各创新主体不断强化合作，加快科技成果转化和应用示范，促进创新链、产业链和价值链的紧密衔接，探索联合培养创新创业型人才的新模式和协同创新的新途径、新模式，为打造具有全球影响力的科技创新中心奠定坚实基础。

第四节 后续研究

本书从专利研究的角度对城市专利合作网络、城市产学研创新合作网络和以机器人为代表的新兴技术领域专利创新及合作网络等进行了系统研究分析，得出了一些具有价值的结论，然而由于数据、技术等方面的原因，本书还存在一些不足，有待进一步探讨。

第一，在城市专利产出绩效及其影响因素方面，城市专利产出绩效的影响因素较多，但由于研究方向的差异性和检索数据的可得性，本书所选取的指标仅是影响城市专利产出绩效较重要的指标，其他指标也会对城市专利产出绩效产生影响，其指标范围及作用尚待进一步研究。

第二，在城市产学研专利合作网络研究方面，所选取的大学主要为各中心城市较具影响力的大学，但个别具有区域影响力的大学没有被纳入考虑范围，如兰州大学，这些大学对城市产学研及专利合作网络的影响有待进一步研究。

第三，在机器人专利合作网络研究方面，对机器人专利申请合作的城市、主体、IPC 进行了分析，由于本部分以城市专利合作为主，因此，本部分没有对其技术热点、技术引用、技术空白点进行深入分析，但开展这一领域的研究是富有价值的。

第四，在研究层次方面，本书在第三次工业革命背景下对我国中心城市专利合作网络进行了研究分析，但是由于语言、数据获取等方面的原因，本书没有对亚太地区乃至全球主要技术大国的科技、知识储备状况及其迎接第三次工业革命的技术储备等进行分析研究，这一研究从目前来看还存在一定困难，尚待进一步的探索。

第五，随着我国交通体系尤其是现代综合交通体系的日益完善，时空距离的缩短对城市空间距离包括生活方式等产生了巨大影响，进而对城市专利合作产生了相当程度的影响，举例而言，长三角地区以及京津冀经济圈的专利合作，随着交通格局的变化，呈现出比较繁荣的态势。因此，"现代交通变革对城市创新网络的影响"是一个值得关注和研究的方向①，如高铁建设及其经济带的形成对城市时空距离的影响，以及对城市专利合作网络的影响。

---

① 2014 年 12 月，贵广高速铁路和南广高速铁路同时全线开通，粤、桂、黔三省份在贵阳市共同签署框架协议，提出共同打造粤桂黔高铁经济带。2015 年 5 月，佛山市正式规划建设粤桂黔高铁经济带合作试验区，将依托高速铁路体系，在佛山市南海区打造粤桂黔高铁经济带创业创新基地，重点开展协同创新、研发设计、专利合作等建设。未来其将随着泛珠合作全面上升为国家区域发展战略，进一步提升为泛珠合作创业创新基地。在中国社会科学院的《城市竞争力蓝皮书 2015》中，深圳的综合竞争力取代香港跃居第一，该书提出高铁的推广和延伸改变了城市的物理距离，使得经济资源配置的格局和城市竞争的格局发生变化，2010 年以后，中国进入高铁时代，支撑群网城市体系出现，未来中国将形成"东中一体、外围倾斜"的经济空间新格局和"一团五带、开放互联"的城市体系新格局，这些将对未来城市专利创新合作产生深远的影响。

参考文献

[1] 白春礼等：《世界科技大趋势：孕育新突破》，《人民日报》2013年1月7日。

[2] 陈丹宇：《基于效率的长三角区域创新网络形成机理》，《经济地理》2007年第3期。

[3] 陈圻、陈国栋、郑兵云等：《中国设计产业与工业的互动关系研究：基于独立设计机构专利数据的相关前沿理论验证》，《管理科学》2013年第26期。

[4] 陈振英、陈国钢、殷之明：《专利视角下高校科技创新水平比较——"十一五"期间我国C9大学的发明专利计量分析》，《情报杂志》2013年第32期。

[5]《辞海》，上海辞书出版社，1989。

[6] 杜晓君、罗猷韬、马大明等：《专利联盟的累计创新效应研究》，《管理科学》2011年第24期。

[7] 范柏乃、江蕾、罗佳明：《中国经济增长与科技投入关系的实证研究》，《科研管理》2004年第5期。

[8] 方曙、张勍、高利丹：《我国省（区、市）专利产出与其GDP之间关系的实证研究》，《科研管理》2006年第2期。

[9] 冯飞、王忠宏：《第三次工业革命的挑战》，《21世纪经济报道》2012年12月24日。

[10] 冯仁涛、余翔、金泳锋：《基于专利情报的技术机会与区域技术专业化分析》，《情报杂志》2012年第31期。

[11] 付晔：《中国高校专利产出机制研究》，博士学位论文，华南理工大学，2010。

[12] 傅首清：《区域创新网络与科技产业生态环境互动机制研究——以中关村海淀科技园区为例》，《管理世界》2010 年第 6 期。

[13] 盖文启：《创新网络》，北京大学出版社，2002。

[14] 盖文启、王缉慈：《论区域创新网络对我国高新技术中小企业发展的作用》，《中国软科学》1999 年第 9 期。

[15] 高子慧、谢富纪：《上海市专利技术产业化现状分析与对策建议》，《科技管理研究》2010 年第 10 期。

[16] 戈登·柴尔德：《城市革命》，方辉译，三联书店，2010。

[17] 龚金梅、肖红卫、刘消寒等：《物联网领域关键技术专利分析》，《云南大学学报》（自然科学版）2012 年第 34 期。

[18] 龚玉环：《中关村产业集群网络结构演化及创新风险分析》，《科技管理研究》2009 年第 8 期。

[19] 关士续：《区域创新网络在高技术产业发展中的作用——关于硅谷创新的一种诠释》，《自然辩证法通讯》2002 年第 2 期。

[20] 郭新力：《技术创新能力与经济增长的区域性差异研究》，《科技进步与对策》2007 年第 3 期。

[21] 郭秀兰：《科技进步对我国经济增长的贡献》，《湘潮》2010 年第 5 期。

[22] 国家计委国土开发与地区经济研究所课题组：《对区域性中心城市内涵的基本界定》，《经济研究参考》2002 年第 52 期。

[23] 国家计委国土开发与地区经济研究所课题组：《加快建设地区级城市，完善区域性中心城市功能》，《经济研究参考》2002 年第 52 期。

[24] 贺丹丹：《江西省高新技术企业科技投入产出绩效研究》，硕士

学位论文，江西师范大学，2013。

[25] 洪明勇：《科技创新能力与区域经济实力差异的实证研究》，《经济地理》2003 年第 5 期。

[26] 黄超、刘琼泽、仲伟俊：《基于专利分析的机器人产业技术情报研究》，《情报杂志》2012 年第 31 期。

[27] 黄慧群、黄阳华、邓洲：《"机器人革命"引领全球制造业新发展》，《人民日报》2014 年 6 月 3 日。

[28] 姜磊、季民河：《长三角区域创新趋同研究》，《科学管理研究》2011 年第 3 期。

[29] 姜南：《多维专利密度视角下的产业创新活动影响因素分析》，《科学学与科学技术管理》2013 年第 12 期。

[30] 杰里米·里夫金：《第三次工业革命：新经济模式如何改变世界》，张体伟译，中信出版社，2012。

[31] 景秀：《政府干预、R&D 补贴与自主创新产出绩效》，硕士学位论文，南京大学，2013。

[32] 克里斯·安德森：《创客：新工业革命》，萧潇译，中信出版社，2012。

[33] 雷滔、陈向东：《区域校企合作申请专利的网络图谱分析》，《科研管理》2011 年第 2 期。

[34] 李柏洲、苏屹：《发明专利与大型企业利润的相关性研究》，《科学学与科学技术管理》2010 年第 1 期。

[35] 李军、唐恒、桂勇：《国内外碳纤维技术专利竞争情报分析》，《情报杂志》2011 第 9 期。

[36] 李倩：《我国 R&D 投入强度与产出绩效的关系研究》，硕士学位论文，西北大学，2010。

[37] 李伟：《企业专利能力影响因素实证研究》，《科学学研究》2011 年第 6 期。

[38] 李习保、解峰：《我国高校知识生产和创新活动影响因素的实证研究》，《数量经济技术经济研究》2013 年第 1 期。

[39] 李新春：《高新技术创新网络——美国硅谷和 128 号公路的比较》，《开放时代》2000 年第 4 期。

[40] 李振国：《区域创新系统演化路径研究：硅谷、新竹、中关村之比较》，《科学学与科学技术管理》2010 年第 6 期。

[41] 李正辉、徐维：《区域科技创新与经济增长》，《科技与经济》2011 年第 1 期。

[42] 林利民：《"第三次工业革命浪潮"及其国际政治影响》，《现代国际关系》2013 年第 5 期。

[43] 刘健：《区域创新网络的实质及其意义》，《当代经济究》2006 年第 1 期。

[44] 刘景华、张松韬：《用"勤勉革命"替代"工业革命"？——西方研究工业革命的一个新动向》，《史学理论研究》2012 年第 2 期。

[45] 刘思嘉、赵金楼：《高技术产业专利开发及其经济增值的关系分析》，《情报杂志》2010 年第 1 期。

[46] 刘霞辉：《从马尔萨斯到索罗：工业革命理论综述》，《经济研究》2006 年第 10 期。

[47] 刘易斯·芒福德：《城市发展史——起源、演变和前景》，宋俊岭、倪文彦译，中国建筑工业出版社，2008。

[48] 刘芸、朱瑞博：《第三次工业革命的核心本质及其推进路径》，《中国浦东干部学院学报》2013 年第 6 期。

[49] 吕铁：《第三次工业革命对我国制造业提出巨大挑战》，《求是》2013 年第 6 期。

[50] 马军杰、卢锐、刘春彦等：《中国专利产出绩效的空间计量经济分析》，《科研管理》2013 年第 6 期。

［51］马艳艳、刘凤朝、孙玉涛：《中国大学—企业专利申请合作网络研究》，《科学学研究》2011 年第 3 期。

［52］牛欣、陈向东：《城市创新跨边界合作与辐射距离探析》，《地理科学》2013 年第 6 期。

［53］《欧盟商会：欧洲企业在中国〈亚太地区总部调查〉》，中国日报网，2012 年 4 月 8 日。

［54］戚聿东、刘健：《第三次工业革命趋势下产业组织转型》，《财经问题研究》2014 年第 1 期。

［55］饶凯、孟宪飞、徐亮等：《研发投入对地方高校专利技术转移活动的影响——基于省际面板数据的实证分析》，《管理评论》2013 年第 5 期。

［56］任义君：《科技创新能力与区域经济增长的典型相关分析》，《学术交流》2008 年第 3 期。

［57］芮明杰：《上海应率先布局"探路"真正的新型工业化》，《东方申报》2012 年 5 月 29 日。

［58］芮明杰：《新一轮工业革命正在叩门，中国怎么办?》，《当代财经》2012 年第 8 期。

［59］慎海熊：《以科技创新为核心，形成新的增长动力源泉》，《瞭望》2014 年第 8 期。

［60］苏凤娇：《我国高新技术产业技术创新投入与产出绩效的关系研究》，硕士学位论文，华中科技大学，2011。

［61］佟贺丰、雷孝平、张静：《基于专利计量的国家 H 指数分析》，《情报科学》2013 年第 12 期。

［62］童昕、王缉慈：《全球化背景下的区域创新网络》，《中国软科学》2000 年第 9 期。

［63］童晓燕：《硅谷与筑波的比较——试论中国高技术产业的发展》，《天津商学院学报》2001 年第 4 期。

[64] 万勇、文豪:《我国区域技术创新投入的经济增长效用研究》, 《社会科学家》2009 年第 5 期。

[65] 王大洲:《我国企业创新网络发展现状分析》,《哈尔滨工业大学学报》(社会科学版) 2005 年第 3 期。

[66] 王缉慈:《创新的空间:企业集群与区域发展》,北京大学出版社,2005。

[67] 王健、张韵君:《基于专利分析概念模型的中国机器人技术发展预测》,《情报杂志》2014 年第 11 期。

[68] 王瑾:《技术创新促进区域经济增长的机理研究》,《经济纵横》2003 年第 11 期。

[69] 王颖:《信息网络革命影响下的城市——城市功能的变迁与城市结构的重构》,《城市规划》1999 年第 8 期。

[70] 王志乐:《"产业革命"和"工业革命"的含义和译法》,《东北师范大学学报》1981 年第 4 期。

[71] 《我们不能在科技创新的大赛场上落伍,习近平在两院院士大会上的讲话》,新华社,2014 年 6 月 10 日。

[72] 吴传清、刘方池:《技术创新对区域经济发展的影响》,《科技进步与对策》2003 年第 4 期。

[73] 吴信宝:《打造创新型城市"升级版"》,《文汇报》2014 年 7 月 22 日。

[74] 吴玉鸣:《空间计量经济模型在省域研发与创新中的应用研究》,《数量经济技术经济研究》2006 年第 5 期。

[75] 邢科慧:《中国高校专利产出状况对比分析》,天津大学出版社,2010。

[76] 徐明、姜南:《我国专利密集型产业及其影响因素的实证研究》,《科学学研究》2013 年第 31 期。

[77] 徐伟民、李志军:《政府政策对高新技术企业专利产出的影响

及其门槛效应：来自上海的微观实证分析》，《上海经济研究》2011 年第 7 期。

[78] 徐艳梅、于佳丽：《结网、非线性创新与区域创新网络》，《经济与管理研究》2010 年第 6 期。

[79] 薛涌：《第三次工业革命，可能终结"中国崛起"》，《社会观察》2012 年 5 月 2 日。

[80] 闫海潮：《第三次工业革命的特点及其对中国的启示》，《毛泽东邓小平理论研究》2013 年第 3 期。

[81] 杨佃民、杨晨：《新疆推进规模以上工业企业专利创新对策研究》，《科技与法律》2012 年第 5 期。

[82] 杨观聪：《传统产业区与高技术产业区创新网络的比较研究》，博士学位论文，浙江工业大学，2003。

[83] 杨健安：《我国高校专利状况研究与分析》，《研究与发展管理》2010 年第 5 期。

[84] 杨铁军：《专利分析实务手册》，知识产权出版社，2012。

[85] 杨孝梅、陈德智：《R&D 人员年龄与专利产出能力的关系研究——以上海市三个行业 736 名 R&D 人员为例》，《科学学与科学技术管理》2010 年第 1 期。

[86] 叶青：《现代产业革命与城市发展》，载《城市和郊区的现代化——第十二期中国现代化研究论坛集》，科学出版社，2014。

[87] 于伟、张鹏：《我国省域专利授权分布及影响因素的空间计量分析——基于 2007～2009 年统计数据的实证研究》，《宏观经济研究》2012 年第 6 期。

[88] 余江、陈凯华：《中国战略性新兴产业的技术创新现状与挑战——基于专利文献计量的角度》，《科学学研究》2012 年第 5 期。

[89] 约翰·斯科特：《社会网络分析方法》，刘军译，重庆大学出版

社，2007。

[90] 张凤超、韩海雯：《工业革命、云计算与城市发展空间模式创新》，《华南师范大学学报》（社会科学版）2013 年第 3 期。

[91] 张古鹏、陈向东：《基于专利的中外新兴产业创新质量差异研究》，《科学学研究》2011 年第 12 期。

[92] 张米尔、朱媛：《面向专利池的技术内聚性测度及应用研究》，《科研管理》2012 年第 8 期。

[93] 张文新、李琴、吕国玮：《我国城市专利综合实力影响分析》，《城市发展研究》2012 年第 7 期。

[94] 郑佳：《基于专利分析的中国国际科技合作研究》，《中国科技论坛》2012 年第 10 期。

[95] 《中国拿什么迎接第三次工业革命?》，《科技日报》2013 年 2 月 28 日。

[96] 中国科学技术发展战略研究院课题组：《第三次工业革命及我国的应对策略》，《科技日报》2013 年 3 月 25 日。

[97] 中国社会科学院工业经济研究所课题组：《第三次工业革命与中国制造业的应对战略》，《新华文摘》2013 年第 1 期。

[98] 周洪宇：《拥抱第三次工业革命，关键在教育变革》，《21 世纪经济报道》2013 年 3 月 15 日。

[99] 周洪宇、鲍成中：《大时代：震撼世界的第三次工业革命》，人民出版社，2014。

[100] 周立军：《区域创新网络的系统结构与创新能力研究》，《科技管理研究》2010 年第 2 期。

[101] 周群芳：《企业研发投入与专利影响力比较实证研究》，《情报杂志》2013 年第 8 期。

[102] 朱光海、张伟峰、冯宗宪：《拷贝硅谷：一种聚集网络理论解

释》,《预测》2006 年第 4 期。

[103] 朱学新、方健雯、张斌:《我国科技创新和技术转化经济效果的实证分析》,《中国科技论坛》2007 年第 7 期。

[104] 朱勇、张宗益:《技术创新对经济增长影响的地区差异研究》,《中国软科学》2005 年第 11 期。

[105] Abraham B. P., Moitra S. D., "Innovation Assessment through Patent Analysis," *Technovation* 21 (2001).

[106] Acs Z. J., Anselin L., Varga A., "Patents and Innovation Counts as Measures of Regional Production of New Knowledge," *Research Policy* 31 (2002).

[107] Acs Z., Ardrestch D. B., Feldman M., "Real Effects of Academic Research: Comment," *The American Economic Review* 1 (1982).

[108] Aghion and Howitt, "A Model of Growth Through Creative Destruction," *Econometrical* 60 (1992).

[109] Agrawal A., Kapur D., Mchale J., "How do Spatial and Social Proximity Influence Knowledge Flows? Evidence from Patent Data," *Journal of Urban Economics* 64 (2008).

[110] Ahman M., "Government Policy and the Development of Electric Vehicles in Japan," *Energy Policy* 34 (2006).

[111] Akira Hayami, "A Great Transformation: Social and Economic Change in Sixteenth and Seventeenth Century Japan," *Bonner Zeitschrift Fur Japanologie* 1986.

[112] Albert G. Hu, Gary H. Jefferson, "A Great Wall of Patents: What is behind China's Recent Patent Explosion?" *Journal of Development Economics* 90 (2009).

[113] Alencar M., Porter A. L., Antunes A., "Nano Patenting Pat-

terns in Relation to Product Life Cycle," *Technological Forecasting and Social Change* 74 (2007).

[114] Amdt Rolf, Sternberg Rolf, "Do Manufacturing Firms Profit from Intraregional Innovation Linkages? An Empirical Based Answer," *European Planning Studies* 4 (2000).

[115] American Council on Competitiveness, "Make An American Manufacturing Movement," http://www. compete. org/publications/detail/2064/make/, 2011.

[116] Anselin L., *Spatial Econometrics: Methods and Models* (Kluwer Academic Publishers, 1998).

[117] Anselin L., Raymond J. M., *Advances in Spatial Econometrics: Methodology, Tools and Applications* (Berlin: Spring Verlag, 2004).

[118] Anthony A., "The Relative Effectiveness of Patents and Secrecy for Appropriation," *Research Policy* 30 (2001).

[119] Arr K., *Economic Welfare and the Allocation of Resources for Invention* (Princeton: Princeton University Press, 1962).

[120] Arrow K., "The Economic implication of Learning by Doing," *Review of Economic Studies* 29 (1962).

[121] Arthur W. B., "Competing Technologies, Increasing Returns, and Lock – in by Historical Events," *The Economic Journal* (1989).

[122] Audretsch David B., "Maryann P. Feldman R&D Spillovers and the Geography of Innovation and Production," *The American Economist* (1996).

[123] Barnes J. A., "Class and Committees in a Norwegian Island Parish," *Human Relations* 17 (1954).

[124] Barro R. J., "Economic Growth in a Cross Section of Countries,"

Quarterly Joural of Economics 106 (1990).

[125] Bernd Fabry, Holger Ernst, Jens Langholz, et al., Patent Portfolio Analysis as a Useful Tool for Identifying R&D and Business Opportunities—An Empirical Application in the Nutrition and Health Industry," *World Patent Information* 28 (2006).

[126] Bloom N., Van Reenen J. M., "Patents, Real Options and Firm Performance," *The Economic Journal* 112 (2002).

[127] Brenner S., "Optimal Formation Rules for Patent Pools," *Economic Theory* 40 (2009).

[128] Brown S., Pyk D., Steenhof P., "Elecrtic Vehicles: The Role and Importance of Standards in an Emerging Market," *Energy Policy* 38 (2010).

[129] Byungun Yoon, Yongtae Park, "A Text – mining – based Patent Network: Analytical Tool for High – technology Trend," *The Journal of High Technology Management Research* 15 (2004).

[130] Camagni R., *Innovation Networks: Spatial Perspectives* (London: Beelhaven Printer, 1991).

[131] Capello R., "Spatial Transfer of Knowledge in High – tech Milieux: Learning Versus Collective Learning Progress," *Regional Studies* 33 (1999).

[132] Carlson S. C., "Patent Pools and the Antitrust Dilemma," *Yale Journal on Regulation* 16 (1999).

[133] Cave D. W., Christensen L. R., Diewert W. E., "Multilateral Comparisons of Output, Input and Productivity Using Superlative Index Number," *Economic Journal* 92 (1982).

[134] Charles Cooper, *Technology and Development in the Third Industrial Revolution* (Frank Cass Publishers, 1989).

［135］ Chen C. , "Cite Space Ⅱ: Detecting and Visualizing Emerging Trends and Transient Patterns in Scientific Literature," *Journal of the American Society for Information Science and Technology* 57 (2006) .

［136］ Chen C. , "Searching for Intellectual Turning Points: Progressive Knowledge Domain Visualization," *Proceedings of the National Academy of Sciences* 101 (2004) .

［137］ Christensen L. R. , Jorgensen D. W. , Lau L. J. , "Transcendental Logarithmic Production Frontiers," *Review of Economics and Statistics* 1973.

［138］ Clarkson G. , "Objective Identification of Patent Thickets: A Network Analytic Approach," Boston: Harvard Business School, 2004.

［139］ David and M. Thomas, *The Economic Future in Historical Perspective* (Oxford University Press, 2003) .

［140］ David S. , Landes, *The Unbound Prometheus: Technological Change and Industrial Development in Western Europe from* 1750 *to Present* (Cambridge: Cambridge University Press, 1999) .

［141］ De la Tour, A. , et al. , "Innovation and International Technology Transfer: The Case of the Chinese Photovoltaic Industry," *Energy Policy* 10 (2010) .

［142］ Debresson C. , Aillesse F. , "Networks of Innovators : Are View and An Introduction to the Issue," Research Policy 20 (1991) .

［143］ Deek C. , H. L. Kee, "A Model on Knowledge and Endogenous Growth," World Bank Policy Research Working Paper, 2003.

［144］ Deng Z. , Lev B. , Narin F. , "Science and Technology as Predictors of Stock Performance," *Financial Analysts Journal* 55 (1999) .

[145] Denison, Edward F. , *Why Growth Rates Differ: Post – war Experience in Nine Western Countries* (Washington: Brookings Institution, 1962) .

[146] Diamond A. M. , "The Lifecycle Research Productivity of Mathematicians and Scientists," *Journal of Gerontology* (1986) .

[147] Donoghue T. O. , Zweimuller J. , "Patents in a Model of Endogenous Growth," *Journal of Economic Growth* 9 (2004) .

[148] Dosi G. , "Sources Procedures and Microeconomics of Innovation," *Journal of Economic Literature* 26 (1988) .

[149] Elisa Giuliani, "Cluster Absorptive Capability: An Evolutionary Approach for Industrial Clusters in Developing Countries," *Paper to Be Presented at the Druid Summer Conference* 6 (2002) .

[150] Evangelista R. , Iammarino S. , Mastrostefano V. , Silvani A. , "Measuring the Regional Dimension of Innovation: Lessons from the Italian Innovation Survey," *Technovation* 21 (2001) .

[151] Fare R. , Grosskopf S. , Norris M. , Zhang Z. , "Productivity Growth, Technical Progress, and Efficiency Change in Industrialized Countries," *The American Review* 84 (1994) .

[152] Forni M. , Paba S. , "Spillovers and the Growth of Local Industries," *Journal of Industrial Economics* 50 (2002) .

[153] Frank O. , Strauss D. , "Markov Random Graphs," *Journal of the American Statistical Association* 1986.

[154] Freeman C. , "Networks of Innovators: A Synthesis of Research Issues," *Research Policy* 20 (1991) .

[155] Freeman L. C. , "Centrality in Social Networks Conceptual Clarification," *Social Networks* 3 (1979) .

[156] Frenken K. , Hekket M. , Godfroij P. , "R&D Portfolios in Envi-

ronmentally Friendly Automotive Propulsion: Variety, Competition and Policy Implications," *Technological Forecasting and Social Change* 71 (2004).

[157] Furman J. L. , Porter M. E. , Stern S. , "The Determinants of National Innovative Capacity," *Research Policy* 31 (2002).

[158] F. Narin, "Patent Biometrics," *Scientometrics* 30 (1994).

[159] F. Narin, "Patent Blometrics," *Scientometrics* 30 (1994).

[160] Gerard George, "The Effects of Business—University Alliances on Innovative Output and Financial Performance: A Study of Publicly Traded Biotechnology Companies," *Journal of Business Venturing* 17 (2002).

[161] Grabher G. , *The Embedded Firms: the Social – economics of Lndustrial Networks* (London: Routledge, 1993).

[162] Griliches Z. , *Parents: Recent Trends and Puzzles, Brookings Papers On Economic Activity, Microeconomics* (Washington D. C. : The Brooking Institution, 1979).

[163] Griliches Z. , "Market Value, R&D and Patents ," *Economic Letters* 7 (1981).

[164] Griliches Z. , "Parents: Recent Trends and Puzzles, Brookings Papers on Economic Activity," *Microeconomics* 4 (1989).

[165] Griliches Z. , "Patent Statistics as Economic Indicators: a Survey," *Journal of Economic Literature* 28 (1990).

[166] Hagedoorn J. , Cloodt M. , "Measuring Innovative Performance: Is There an Advantage in Using Multiple Indicators?" *Research Policy* 32 (2003).

[167] Hall B. , "The Stock Markets Valuation of R&D Investment During the 1980s," *American Economic Review* 83 (1993).

[168] Harrison B. , "Industrial District: Wine in New Bottles?" *Regional Studies* 26 (1992) .

[169] Haslm G. E. , Jupesta J. , Parayil G. , "Assessing Fuel Cell Vehicle Innovation and the Role of Policy in Japan, Korea, and China," *International Journal of Hydrogen Energy* 37 (2012) .

[170] Henny Romijn, Manuel Albaladejo, "Determinants of Innovation Capability in Small Electronics and Software Firms in Southeast England," *Research Policy* 31 (2002) .

[171] ICTSD, "Patents and Clean Energy: Bridging the Gap Between Evidence and Policy. Summary of the Report," 2010 – 09 – 09, http://www. epo. org/clean – energy.

[172] Iino Y. , Hirokawa S. , "Time Series Analysis of R&D Team Using Patent Information," *Lecture Notes in Computer Science* 12 (2009) .

[173] Iversen E. J. , "An Excursion into the Patent – bibliometrics of Norwegian Patenting ," *Scientometrics* 49 (2000) .

[174] Jaffe A. , "Real Defects of Academic Research," *American Economic Review* 79 (1989) .

[175] Jaffe A. B. , Trajtenberg M. , Fogarty M. S. , "Knowledge Spillovers and Patent Citations: Evidence from a Survey of Inventors," *American Economic Review* 18 (2000) .

[176] Jian Cheng Guan, Xia Gao, "Exploring the H – Index at Patent Level," *Journal of the American Society for Information Science and Technology* 59 (2008) .

[177] Joel Mokyr, "Knowledge, Technology, and Economic Growth During the Industrial Revolution," *Quarterly Review of Economics and Finance* 41 (2001) .

[178] John N. H. , Britton, *Canada and the Global Economy*: *The Geography of Structural and Technological Change* (McGill – Queen's University Press, 2003) .

[179] John Salter, "On the Interpretation of Bukharin's Economic Ideas," *Soviet Studies* 44 (1992) .

[180] J. A. Mathews, "The Renewable Energies Technology Surge: A New Techno – economic Paradigm in the Making?" *Working Papers in Technology Governance and Economic Dynamics* 44 (2012) .

[181] J. E. Hirsch, "An Index to Quantify an Individuals Scientific Research Output," *Proceedings of the National Academy of Sciences of the United States of America* 102 (2005) .

[182] J. H. Love, S. Roper, "Location and Network Effects on Innovation Success: Evidence for UK, German and Irish Manufacturing Plants," *Research Policy* 30 (2001) .

[183] Keeble D. , Lawson C. , Moore B. , Wilkinson F. , "Collective Learning Processes, Networking and Institutional thickness in the Cambrid Georgian," *Regional Studies* 33 (1999) .

[184] Knoke D. , "Networks of Political Actions: Toward Theory Construction," *Social Forces* 68 (1990) .

[185] Kortum S. , Putnam J. , *Estimating Patents Ny Industry*: *Part* I *and Part* II (Mimeo: Yale University, 1989) .

[186] Koschazky K. , *Innovation Networks*: *Concepts and Challenges in the European Perspective* (New York: Physica – verlag, 2001) .

[187] Krugman Paul, *Geography and Trade* (Cambridge MA: MIT Press) .

[188] Krugman Paul, "The Myth of Asia's Miracle," *Foreign Affairs* 73 (1995) .

[189] Lee J. , "Heterogeneity, Brokerage, and Innovative Performance: Endogenous Formation of Collaborative Inventor Networks," *Organization Science* 21 (2010).

[190] Lehman H. C. , *Age and Achievement* (Princeton, NJ: Princeton University Press, 1953).

[191] Lerner J. and Tirole J. , "Efficient Patent Pools," *The American Economist* 2004.

[192] Levin R. C. , Klevorick A. K. , Nelson R. R. , et al. , "Appropriating the Returns from Industrial R&D," *Brookings Papers on Economic Activity* 18 (1987).

[193] Levin S. G. , Stephan P. E. , "Research Productivity over the Life Cycle: Evidence for Academic Scientists," *The American Economist* (1991).

[194] Lucas R. , "On the Mechanics of Economic Development," *Journal of Monetary Economics* 22 (1988).

[195] Lucas R. E. J. , "On the Mechanics of Economic Development," *Journal of Monetary Economics* 22 (1988).

[196] Lucas R. E. J. , *The Industrial Revolution: Past and Future*, *Lectures on Economic Growth* (Harvard University Press, 2000).

[197] Lundvall, "Why Study National Systems and National Styles of Innovation?" *Technology Analysis & Strategic Management* 10 (1998).

[198] Lybbert Travis, Nikolas Zolas, "Getting Patents and Economic Data to Speak to Each Other: An Algorithmic Links with Probabilities Approach for Joint Analyses of Patenting and Economic Activity," *WIPO Economic Research Working Papers* 5 (2014).

[199] Meyer M. , "Tracing Knowledge Flows in Innovation Systems," *Scientometrics* 54 (2002).

[200] Mogee M. , Breitzman A. , "Many Applications of Patent Analysis," *Information Science* 28 (2002) .

[201] Morales M. F. , "Research Policy and Endogenous Growth," *Spanish Economic Review* 6 (2004) .

[202] Nishimizu M. and Page J. M. , "Total Factor Productivity Growth, Technological Progress and Technical Efficiency Change," *The Economic Journal* (1982) .

[203] Noel M. Tichy, Michael L. , Tushman and Charles Fombrun, "Social Network Analysis for Organizations," *The Academy of Management Review* 4 (1979) .

[204] Oltra V. , Saint Jean M. , "Variety of Technological Trajectories in Low Emission Vehicles (LEVs): A Patent Data Analysis," *Journal of Cleaner Production* 17 (2009) .

[205] Pakes A. , "Patents, R&D, and the Stockmarket Rate of Return," *Journal of Political Economy* 93 (1985) .

[206] Paul Kuznets, "Liberalization in the Process of Economic Development," *Journal of Asian Studies* 50 (1991) .

[207] Peter N. Stearns, *The Industrial Revolution in World History* (Oxford: Westview Press, 1993) .

[208] Phillips K. , Wrase J. , "Is Schumpeterian Creative Destruction a Plausible Source of Endogenous Real Business Cycle Shocks," *Journal of Economic Dynamics and Control* 30 (2006) .

[209] Phillips K. L. , Wrase J. , "Is Schumpeterian Creative Destruction's Plausible Source of Endogenous Real Business Cycle Shocks," *Journal of Econometrics* (2006) .

[210] Piore M. and Sabel C. , *The Second Industrial Divide: Possibilities for ProsPerity* (New York: Basie Books, 1984) .

［211］ Porter A. , Newman N. , *Handbook of Quantitative Science and Technology Research* (Berlin: Springer, 2005) .

［212］ Porter, Michael E. , Schwab Klaus, Xavier, Sala – i – Martin, et al. , The Global Competitiveness Report 2003 – 2004, World Economic Forum, 2004.

［213］ Price D. J. S. , "Measuring the Size of Science," Proceedings of the Israel Academic of Science and Humanities, 1969.

［214］ Kuznets P. , "The Korean Economy in Transition: An Institutional Perspective," *Pacific Affairs* 84 (2011) .

［215］ Qian Y. , "Do Additional National Patent Laws Stimulate Domestic Innovation in a Global Patenting Environment: A Cross – country Analysis of Pharmaceutical Patent Protection, 1978 – 2002," *Review of Economics and Statistics* 2007.

［216］ Rachel Levy, Pascale Roux, Sandrine Wolf, "An Analysis of Science – industry Collaborative Patterns in a Large European University," *Journal of Technology Transfer* 34 (2009) .

［217］ Rickne A. , "Regional Characteristics and Performance: Evidence from Biomaterials Firms," in Carlsson eds. , *New Technological Systems* (Bioinutries Kluwer Academic Publisher, 2002) .

［218］ Riddel M. , Schwer R. K. , "Regional Innovative Capacity with Endogenous Employment: Empirical Evidence from the U. S," *The Review of Regional Studies* 33 (2003) .

［219］ Romer P. M. , "Endogenous Technological Change," *Journal of Political Economy* 98 (1990) .

［220］ Romer P. M. , "Incearing Returns and Long Run Growth," *Journal of Political Economy* 94 (1986) .

［221］ Romer, Paul M. , "Increasing Return and Long – run Growth,"

Journal of Political Economy 22 (1986).

[222] R. Falvey, N. Foste, D. Greenaway, "Intellectual Property Rights and Economic Growth," *Review of Development Economics* 10 (2006).

[223] Saxenian A., *Regional Advantage: Culture and Competition in Silicon Valley and Route* 128 (Cambridge: Harvard University Press, 1994).

[224] Saxenian A., *Regional Advantage: Culture and Competition in Slicon Valley and Route* 128 (Cambridge: Harvard University Press, 1994).

[225] Saxenian A., "Theo Rings and Dynamics of Production Networks in Silieon Valley," *Research Policy* 20 (1991).

[226] Scherngell T., Barber M., "Distinct Spatial Characteristics of Industrial and Public Research Collaborations: Evidence from the 5th EU Framework Programme," *Annals of Regional Science* (2010).

[227] Schneider, "International Trade, Economic Growth and Intellectual Property Rights: A Panel Data Study of Developed and Developing Countries," *Journal of Development Economics* 2 (2005).

[228] Schumpeter, Joseph A., *The Theory of Economic Development* (Cambridge University Press, 1912).

[229] Scott J., "Social Network Analysis," *Sociology* 22 (1988).

[230] Shapiro C., "Navigating the Patent Thicket: Cross Licenses, Patent Pools, and Standard – Setting," *Innovation Policy and the Economy* 1 (2001).

[231] Smith Adam, *An Inquiry in to the Nature and Causes of Wealth of Nations* (The Pennsylvania State University, 2005).

[232] Solow Robert M., "A Contribution to the Theory of Economic Growth,"

The Quarterly of Economics 70 (1956) .

[233] Steehof P. , Mclnnis B. A. , "Comparison of Alternative Technologies to Decarbonize Canada's Passenger Transportation Sector," *Technological Forecasting and Social Change* 75 (2008) .

[234] Stephen D. Pryke, "Analysing Construction Project Coalitions: Exploring the Application of Social Network Analysis," *Construction Management and Economics* 22 (2004) .

[235] Sterman J. D. , *Business Dynamic: System Thinking and Modeling in a Complex World* (McGraw – Hill, New York, 2000) .

[236] Stern S. , Porter M. E. , Furman J. L. , "The Determinants of National Innovative Capacity," Cambridge: National Bureau of Economic Research Working Paper, 2000.

[237] Stoper M. , "Regional Technology Coalitions: An Essential Dimension of National Technology Policy," *Research Policy* 24 (1995) .

[238] Sungjoo L. , et al. , "Business Planning Based on Technological Capabilities: Patent Analysis for Technology – driven Roadmapping," *Technological Forecasting and Social Change* 76 (2009) .

[239] T. Hagerstr, *Innovation Diffusion as a Spatial Process* (Chicago: University of Chicago Press, 1968) .

[240] T. S. Ashton, *The Industrial Revolution*, 1760 – 1830 (London: Oxford University Press, 1968) .

[241] Wagner P. R. , Parchomovsky G. , "Patent Portfolios," *University of Pennsylvania Law Review* 154 (2005) .

[242] Walter G. Park, "International Patent Protection: 1960 – 2005," *Research Policy* 37 (2008) .

[243] Wang X. , Duan Y. , "Identifying Core Technology Structure of

Eclectic Vehicle Industry though Patent Co – citation Information," *Energy Proscenia* 5 (2011).

[244] Wasserman S., Faust K., *Social Network Analysis: Methods and Applications* (New York: Cambridge University Press, 1993).

[245] WIPO, *Patent Report* 2009: *Statistics on Worldwide Patent Activities* (Geneva, World Intellectual Property Organization Press, 2009).

[246] Wolfe Gerlter, "Clusters from the Inside and out: Local Dynamics and Global Linkages," *Urban Studies* 41 (2004).

[247] Yang C. J., "Launching Strategy for Electric Vehicles: Lessons from China and Taiwan," *Technological Forecasting & Social Change* 77 (2010).

[248] Yao M., Liu H., Feng X., "The Development of Low – carbon – vehicles in China," *Energy Policy* 39 (2001).

[249] Yeek Young Kim, Keun Lee, Walter G., Kineung Choo, "Appropriate Intellectual Property Protection and Economic Growth in Countries at Different Levels of Development," *Research Policy* 3 (2012).

[250] Yiqin Yu, "Mapping China's Economic Activity," http://www. foreignpolicy. com/articles/2014/03/28/mapping_half_ of_china_GDP.

[251] Yoon B., Phaal R., Probert D., "Morphology Analysis for Technology Roadmapping: Application of Text Mining," *R&D Management* 38 (2008).

[252] Young, Alwyn A., "Learning by Doing and the Dynamic Effects of International Trade," *Quarterly Journal of Economics* 106 (1991).

[253] Yueh L., "Patent Laws and Innovation in China," *International Review of Law and Economics* 29 (2009).

［254］ Zuckerman H. , Merton R. K. , Riley, "Aging and Society: A Theory of Age Stratification ," *Aging and Age Structure in Science* 3 (1972) .

附　录

附表1　我国中心城市科技创新主要原始数据（2013年）

城市	专利申请量（件）	科技活动人员（人）	R&D人员折合全时当量（人/年）	R&D经费支出（亿元）	R&D经费支出占GDP比例（%）
北京	94794	681346	242175	1185.05	6.08
天津	43001	128838	97674	415.3	2.89
上海	83742	40.78	16.06	775.52	3.59
重庆	43137	83722	83722	176.49	1.39
沈阳	12643	102011	60025	162.49	2.27
长春	5943	107225	23103	50.18	1.00
哈尔滨	18261	119164	47946	84.59	1.69
大连	17195	61261	22531	88.2	1.15
南京	44461	181906	96173	290.83	3.63
杭州	54097	189228	81617	248.73	2.98
济南	24525	103552	45632	118.76	2.27
青岛	27798	93373	54419	189.63	2.39
宁波	75569	106422	30453	126.81	1.78
武汉	24795	87719	85511	162.02	1.79
广州	38193	211312	82273	309.95	2.01
深圳	85836	197101	112377	507.05	3.92
厦门	10768	75971	39202	91.79	3.04
西安	39676	12914	86608	140.17	2.87
成都	50829	15625	48831	284.2	3.12
长沙	23931	52225	49954	153.79	2.15

单位：件

附表 2　我国主要城市机器人专利创新原始数据（1990～2013 年）

城市	类别	1990年	1991年	1992年	1993年	1994年	1995年	1996年	1997年	1998年	1999年	2000年	2001年	2002年	2003年	2004年	2005年	2006年	2007年	2008年	2009年	2010年	2011年	2012年	2013年	总数
北京	申请总量	4	0	0	2	5	2	1	6	6	6	12	37	42	66	68	70	67	139	238	285	240	318	388	161	2163
	公开发明	2				2		0	3	1	3	8	18	40	50	42	52	46	101	198	221	194	230	288	8	1507
	外观设计					2									1	3	2	5	6	7	11	6	14	15	13	85
	实用新型	2			2	1	2	1	3	5	3	4	19	2	15	23	16	16	32	33	53	40	74	85	140	571
上海	申请总量	4	0	0	1	2	3	0	2	2	12	5	20	34	65	75	70	82	106	165	192	247	277	319	340	2023
	公开发明	2				2	2		2	2	10	2	16	23	52	63	45	51	78	119	125	165	187	184	207	1333
	外观设计								1		2			4	2	1	4	12	3	2	4	12	18	14	15	94
	实用新型	4			1		1		1			3	4	7	11	11	21	19	25	44	63	70	72	121	118	596
天津	申请总量	0	0	1	0	0	0	0	3	0	0	6	6	8	14	6	29	6	13	34	43	50	53	94	84	450
	公开发明			1					2			6	4	7	12	5	27	5	10	28	34	38	38	58	51	326
	外观设计																					3	1	5	6	15
	实用新型								1				2	1	2	1		1	3	6	9	9	14	31	27	109

续表

城市	类别	1990年	1991年	1992年	1993年	1994年	1995年	1996年	1997年	1998年	1999年	2000年	2001年	2002年	2003年	2004年	2005年	2006年	2007年	2008年	2009年	2010年	2011年	2012年	2013年	总数
重庆	申请总量	0	0	0	0	0	0	1	1	0	2	0	0	3	11	4	4	5	2	6	35	31	42	75	73	295
	公开发明			0							2			2	9	4	2	3	2	3	24	26	24	32	39	172
	外观设计																	1						8	2	11
	实用新型							1	1					1	2		2	1		3	11	5	18	35	32	112
哈尔滨	申请总量	0	0	0	2	2	1	1	1	1	0	5	3	11	8	31	17	34	91	51	101	73	120	113	107	773
	公开发明										0	2		4	7	30	13	27	87	47	101	69	82	72	70	611
	外观设计																		2			2			4	8
	实用新型				2	2	1	1	1	1		3	3	7	1	1	4	7	2	4		2	38	41	33	154
沈阳	申请总量	2	0	0	1	2	4	3	3	2	8	6	17	9	12	19	19	34	45	82	81	60	118	125	80	732
	公开发明	2		0		2					6	2	7	7	8	12	13	23	25	53	52	41	81	93	39	466
	外观设计															2			1	2		1	1	1	9	17
	实用新型				1		4	3	3	2	2	4	10	2	4	5	6	11	19	27	29	18	36	31	32	249

续表

城市	类别	1990年	1991年	1992年	1993年	1994年	1995年	1996年	1997年	1998年	1999年	2000年	2001年	2002年	2003年	2004年	2005年	2006年	2007年	2008年	2009年	2010年	2011年	2012年	2013年	总数
大连	申请总量	0	0	0	0	0	0	2	0	0	0	0	1	1	4	11	2	4	18	7	20	21	57	46	41	236
	公开发明							2						2	4	7	2	3	12	5	14	11	29	25	18	134
	外观设计																					1		2		3
	实用新型	2											1			4		1	6	2	6	9	28	19	23	99
长春	申请总量		2	0	0	0	0	1	0	0	0	1	1	0	2	2	2	2	6	13	4	31	36	26	28	159
	公开发明																	1	5	9	4	18	21	8	10	72
	外观设计																								1	1
	实用新型	2	2					1				1	1		2	2	2	1	1	4	4	13	15	18	17	86
秦皇岛	申请总量	2	0	0	0	0	0	0	0	0	1	2	4	6	1	0	3	11	15	8	8	16	30	41	24	172
	公开发明										1	2	4	6	1		3	9	15	8	4	13	25	31	16	137
	外观设计																									0
	实用新型	2													1			2			4	3	5	10	8	35

续表

城市	类别	1990年	1991年	1992年	1993年	1994年	1995年	1996年	1997年	1998年	1999年	2000年	2001年	2002年	2003年	2004年	2005年	2006年	2007年	2008年	2009年	2010年	2011年	2012年	2013年	总数
济南	申请总量	0	0	0	0	0	0	1	0	2	2	2	0	4	0	10	12	13	37	23	57	46	124	169	88	590
	公开发明											2		1		4	4	2	21	9	26	25	70	83	41	288
	外观设计																		1	1	3	1	2	11	4	23
	实用新型							1		2	2			3		6	8	11	15	13	28	20	52	75	43	279
青岛	申请总量	0	2	2	0	0	0	0	0	1	0	0	1	0	3	4	9	12	8	14	17	40	30	33	107	283
	公开发明															4	2	4	3	11	11	18	11	15	48	127
	外观设计														1			2					1		3	7
	实用新型		2	2						1			1		2		7	6	5	3	6	22	18	18	56	149
南京	申请总量	0						1				1	4	14	12	5	3	9	16	44	38	89	152	120	94	602
	公开发明												4	14	12	2	3	6	10	28	29	59	110	74	46	397
	外观设计																	1			1	2	4	4	10	22
	实用新型							1				1				3		2	6	16	8	28	38	42	38	183

续表

城市	类别	1990年	1991年	1992年	1993年	1994年	1995年	1996年	1997年	1998年	1999年	2000年	2001年	2002年	2003年	2004年	2005年	2006年	2007年	2008年	2009年	2010年	2011年	2012年	2013年	总数
苏州	申请总量	0	0	0	0	0	0	0	0	0	0	0	0	0	1	1	3	3	5	5	44	53	139	370	472	1096
	公开发明																2	1	3	2	25	29	73	185	241	561
	外观设计																	1			3		9	11	10	34
	实用新型														1	1	1	1	2	3	16	24	57	174	221	501
镇江	申请总量	0	0	0	0	0	0	0	0	0	0	0	0	1	2	0	2	2	10	16	14	11	37	37	61	193
	公开发明														2		2	2	9	15	12	8	31	28	37	146
	外观设计																							2		2
	实用新型													1					1	1	2	3	6	7	24	45
无锡	申请总量	0	0	0	0	0	0	0	0	1	0	0	0	2	2	4	7	4	11	8	28	47	41	61	98	314
	公开发明														2	2	4	3	9	6	14	31	21	39	51	182
	外观设计																						1	2	5	8
	实用新型									1				2	2	2	3	1	2	2	14	16	19	20	42	124

续表

城市	类别	1990年	1991年	1992年	1993年	1994年	1995年	1996年	1997年	1998年	1999年	2000年	2001年	2002年	2003年	2004年	2005年	2006年	2007年	2008年	2009年	2010年	2011年	2012年	2013年	总数
常州	申请总量	0	0	0	0	0	0	0	0	0	0	0	1	0	1	4	6	5	5	7	22	22	62	82	139	356
	公开发明		1										1		1	1	5	4	2	1	13	13	30	43	69	183
	外观设计															2		1	2		2	1	6		3	17
	实用新型															1	1		1	6	7	8	26	39	67	156
杭州	申请总量	0		0	0	0	0	0	0	0	2	1	0	5	7	7	8	31	28	58	75	86	158	145	123	735
	公开发明										2			4	4	4	4	28	18	35	46	52	86	80	62	425
	外观设计																		1	6	3	3	13	5	10	41
	实用新型	1										1		1	3	3	4	3	9	17	26	31	59	60	51	269
宁波	申请总量	0	3	0	0	1	0	1	0	0	0	0	0		1	0	1	1	2		24	12	69	91	82	292
	公开发明	1	1			1									1						9	6	11	27	36	92
	外观设计																				2	1	9	7	5	24
	实用新型	2						1									1	1	2	4	13	5	49	57	41	176

续表

城市	类别	1990年	1991年	1992年	1993年	1994年	1995年	1996年	1997年	1998年	1999年	2000年	2001年	2002年	2003年	2004年	2005年	2006年	2007年	2008年	2009年	2010年	2011年	2012年	2013年	总数
厦门	申请总量	0	2	0	0	0	0	1	0	0	0	0	1	2	2	4	1	5	1	4	14	13	10	20	29	109
	公开发明																		1		6	1	1	8	7	24
	外观设计													2		4		2			5	7	7	5	8	40
	实用新型		2					1					1		2		1	3		4	3	5	2	7	14	45
广州	申请总量	0	1	0	0	2	0	0	0	2	0	1	0	2	9	8	10	19	14	16	28	81	109	131	127	560
	公开发明		1			2								2	5	3	5	11	6	5	8	49	62	64	55	278
	外观设计																3	2	1	1		2	12	12	6	39
	实用新型									2		1			4	5	2	6	7	10	20	30	35	55	66	243
深圳	申请总量	0	0	0	0	0	0	1	1		4	2	1	3	5	11	16	30	53	34	140	155	196	213	116	981
	公开发明															2	2	12	25	21	105	96	109	81	66	519
	外观设计											2		1	3	7	7	6	14	4	19	29	34	44	50	220
	实用新型							1	1		4		1	2	2	2	7	12	14	9	16	30	53	88		242

续表

城市	类别	1990年	1991年	1992年	1993年	1994年	1995年	1996年	1997年	1998年	1999年	2000年	2001年	2002年	2003年	2004年	2005年	2006年	2007年	2008年	2009年	2010年	2011年	2012年	2013年	总数
东莞	申请总量	0	0	0	0	0	0	0	0	0	0	0	0	0	0	1	1	10	5	14	28	31	56	90	112	348
	公开发明	0	0	0	0	0	0	0	0	0	0							1	3	2	8	7	6	22	20	69
	外观设计																	2		4	2	4	4	14	13	43
	实用新型	0	0	0	0	0	0	0	0	0	0					1	1	7	2	8	18	20	46	54	79	236
武汉	申请总量	0	0	1	0	0	0	0	0	0	0	1	4	4	3	10	10	13	22	15	29	21	31	55	81	300
	公开发明	0	0	1	0	0	0	0	0	0	0		2	2	2	7	8	8	14	10	22	10	16	23	42	167
	外观设计																						1	2	1	4
	实用新型	0	0	0	0	0	0	0	0	0	0	1	2	2	1	3	2	5	8	5	7	11	14	30	38	129
合肥	申请总量	0	0	0	0	0	0	0	0	0	0	3	2	2	6	4	7	10	6	7	15	19	47	52	67	247
	公开发明	0	0	0	0	0	0	0	0	0	0	1	2	2	5	2	5	9	5	3	11	13	30	28	32	148
	外观设计																					1	1		1	3
	实用新型	0	0	0	0	0	0	0	0	0	0	2			1	2	2	1	1	4	4	5	16	24	34	96

续表

城市	类别	1990年	1991年	1992年	1993年	1994年	1995年	1996年	1997年	1998年	1999年	2000年	2001年	2002年	2003年	2004年	2005年	2006年	2007年	2008年	2009年	2010年	2011年	2012年	2013年	总数
长沙	申请总量	0	0	2	0	1	0	0	1	0	0	1	1	0	3	1	9	7	10	28	40	43	28	48	50	273
	公开发明																5	4	8	21	34	30	16	18	27	163
	外观设计												1		1								1	5	1	9
	实用新型			2		1			1			1			2	1	4	3	2	7	6	13	11	25	22	101
西安	申请总量	0	0	0	0	1	1	0	1	0	0	0	0	4	9	1	7	6	15	26	29	47	36	72	93	348
	公开发明													2	7		4	2	10	14	13	30	23	36	46	187
	外观设计																1	1	2	2	1	1	1	1	4	13
	实用新型					1	1		1					2	2	1	3	3	3	10	15	16	12	35	43	148
成都	申请总量	0	0	0	0	1	0	1	0	0	0	0	2	0	6	0	1	7	3	5	27	14	27	132	90	319
	公开发明												2		4			6			20	8	9	45	38	136
	外观设计																			1			2	5	7	15
	实用新型					1		1							2		1	1	3	3	7	6	16	82	45	168

后　记

　　随着区域经济一体化与世界经济全球化的深入推进，创新的领域不断扩张，创新的速度逐渐加快。我国中心城市的综合经济能力、科技创新能力、国际竞争能力、辐射带动能力、交通通达能力、信息交流能力、可持续发展能力远高于一般城市，在新一轮科技革命和产业变革蓄势待发的背景下，中心城市将承载起创新发展之梦，科技创新也将呈现集聚化发展态势。研究中心城市的科技创新水平，特别是从专利合作网络的角度对中心城市的创新产出绩效、不同合作主体间的创新合作、中心城市创新辐射、新兴技术领域的知识创新储备进行研究，明确中心城市专利合作的基本特征和网络结构关系，对于进一步完善中心城市专利合作网络，共同应对经济发展新常态，实现提质增效、转型升级具有重要意义。同时，在中心城市专利合作网络的背后，是制度创新、教育变革和人才培育等，这也是后续需要进行深入研究的问题。

　　本书从问题提出、框架构建、方法选择到内容撰写、修改完善，整个过程得到了同济大学教授、博士生导师陶小马老师的大力支持和悉心指导。本书进行了充分的调查研究和大量的技术分析与数据分析，是在广泛吸收相关领域专家学者建议和意见的基础上，在杨鹏研究员和张鹏飞经济师以及整个研究团队的共同努力下完成的。在此，对本书撰写、出版过程中给予帮助和关心的各位专家学者表示诚挚的感谢和衷心的祝福。

限于作者的理论水平和时间、精力，书中难免存在纰漏和不足，恳请读者给予批评指正。

杨　鹏

2017 年 4 月

图书在版编目(CIP)数据

中国中心城市专利合作网络研究 / 杨鹏,张鹏飞,
文建新著. -- 北京:社会科学文献出版社,2017.5
ISBN 978 - 7 - 5201 - 0926 - 0

Ⅰ.①中… Ⅱ.①杨… ②张… ③文… Ⅲ.①专利 -
产学研一体化 - 研究 - 中国 Ⅳ.①G306.3

中国版本图书馆 CIP 数据核字(2017)第 140405 号

中国中心城市专利合作网络研究

著　　者 / 杨　鹏　张鹏飞　文建新

出 版 人 / 谢寿光
项目统筹 / 恽　薇　冯咏梅
责任编辑 / 冯咏梅　吴　鑫

出　　版 / 社会科学文献出版社·经济与管理分社(010)59367226
　　　　　　地址:北京市北三环中路甲 29 号院华龙大厦　邮编:100029
　　　　　　网址:www.ssap.com.cn
发　　行 / 市场营销中心(010)59367081　59367018
印　　装 / 三河市东方印刷有限公司

规　　格 / 开　本:787mm × 1092mm　1/16
　　　　　　印　张:14.5　字　数:193 千字
版　　次 / 2017 年 5 月第 1 版　2017 年 5 月第 1 次印刷
书　　号 / ISBN 978 - 7 - 5201 - 0926 - 0
定　　价 / 69.00 元
